DES
LONGUEURS VIRTUELLES

D'UN

TRACÉ DE CHEMIN DE FER

PAR

M. CHARLES BAUM,

INGÉNIEUR DES PONTS ET CHAUSSÉES.

———

(Extrait des *Annales des Ponts et Chaussées*, Cahier de juin 1880.)

———

PARIS
DUNOD, ÉDITEUR,
LIBRAIRE DES CORPS NATIONAUX DES PONTS ET CHAUSSÉES, DES MINES
ET DE L'ADMINISTRATION DES TÉLÉGRAPHES

Quai des Augustins, n° 49

———

1880

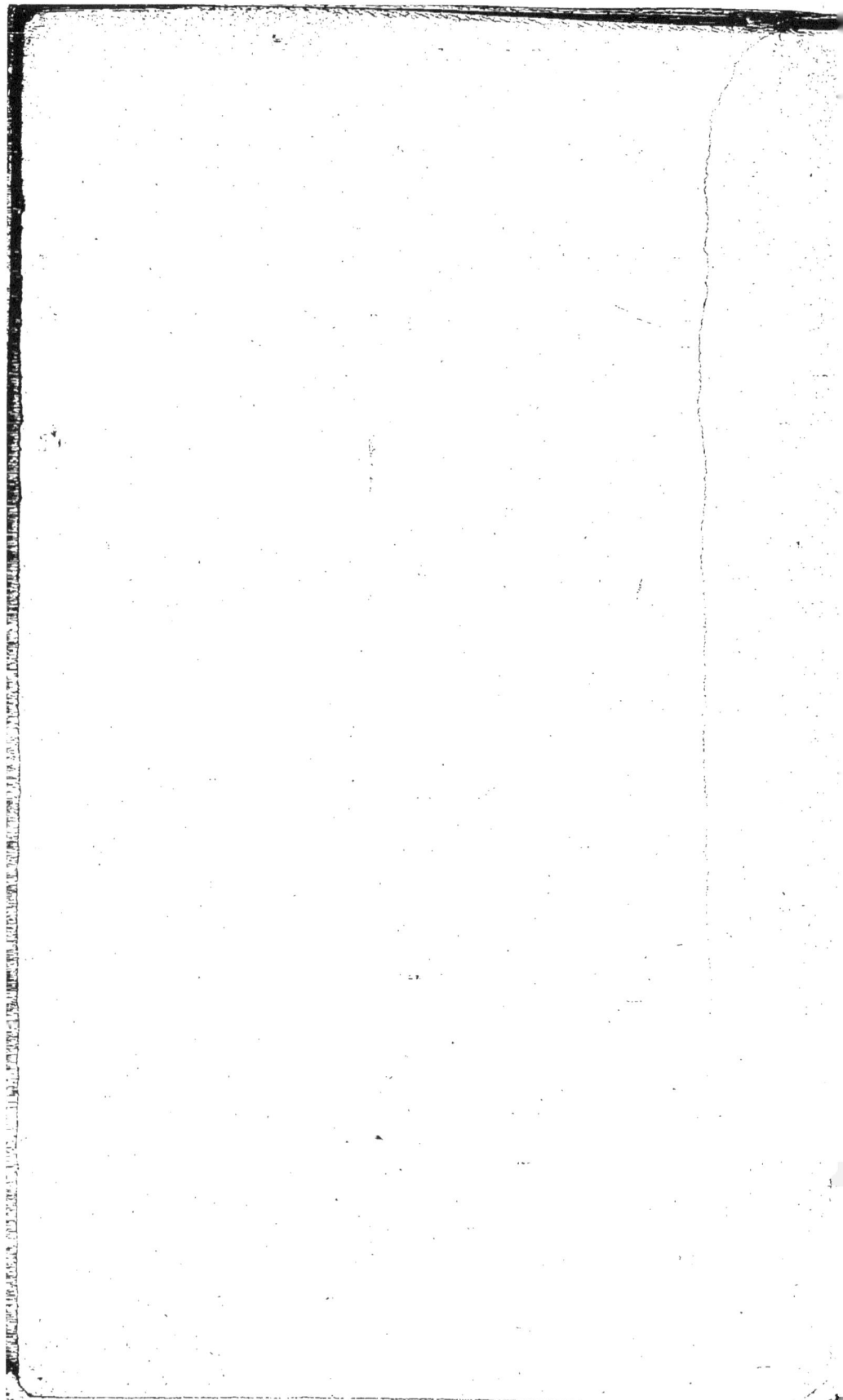

DES

LONGUEURS VIRTUELLES

D'UN

TRACÉ DE CHEMIN DE FER

PARIS. — IMPRIMERIE ARNOUS DE RIVIÈRE, RUE RACINE, 26.

DES

LONGUEURS VIRTUELLES

D'UN

TRACÉ DE CHEMIN DE FER

PAR

M. CHARLES BAUM,

INGÉNIEUR DES PONTS ET CHAUSSÉES.

(Extrait des *Annales des Ponts et Chaussées*, Cahier de juin 1880.)

PARIS

DUNOD, ÉDITEUR,

LIBRAIRE DES CORPS NATIONAUX DES PONTS ET CHAUSSÉES, DES MINES
ET DE L'ADMINISTRATION DES TÉLÉGRAPHES

Quai des Augustins, n° 49

—

1880

DES

LONGUEURS VIRTUELLES

D'UN

TRACÉ DE CHEMIN DE FER

INTRODUCTION.

---

§ 1. — Exposé.

L'étude du tracé d'une ligne de chemin de fer entraîne, en général, celle de deux ou plusieurs variantes de ce tracé. Toutes ces variantes satisfont à certaines conditions communes, comme par exemple, de passer par des points déterminés, de desservir des villes ou des communes indiquées à l'avance. Elles diffèrent les unes des autres par la longueur, par le profil en long, les rampes, les rayons des courbes, le cube des terrassements, l'importance des ouvrages d'art, la dépense kilométrique, etc.

Quelquefois le choix du tracé définitif dépend de circonstances purement locales; souvent aussi, l'ingénieur se laisse guider dans ce choix par la pensée exclusive de réaliser de notables économies dans la construction, et il ne tient pas un compte suffisant des charges qu'il impose à l'exploitation, par l'emploi fréquent et quelquefois peu justifié de fortes rampes et de courbes raides.

Lorsque l'on se trouve en présence de plusieurs variantes

d'un même tracé de chemin de fer, il conviendrait qu'on ne se prononçât sur l'une ou sur l'autre variante, qu'après avoir établi la *longueur horizontale et rectiligne équivalente* de chacune d'elles, ou encore la *longueur virtuelle*. Cette réduction d'une ligne à profil accidenté en une ligne fictive et équivalente, mais horizontale et en alignement droit, peut être effectuée de diverses manières, suivant la base adoptée dans la comparaison des deux lignes. Ainsi, si l'on se place au point de vue du travail mécanique à développer ou de la résistance à vaincre sur une ligne déterminée, et si l'on cherche la longueur d'une ligne horizontale équivalente, la longueur virtuelle ainsi obtenue est celle relative au travail à développer ou à la résistance à vaincre. Mais au lieu de prendre pour base du calcul le travail mécanique ou la résistance, on aurait pu admettre également comme point de départ, soit les dépenses d'exploitation, soit les dépenses de transport proprement dit, soit les prix des tarifs, soit les vitesses, ou tel autre élément permettant de comparer un tracé quelconque en rampe et en courbe, avec une ligne idéale de niveau et en alignement droit, qui lui serait équivalente. Seulement cette équivalence, au lieu de se produire pour le travail mécanique ou pour la résistance, existerait, soit pour les dépenses d'exploitation, soit pour les dépenses du transport proprement dit, soit pour les tarifs, etc.

Il y a donc pour un seul et même tracé AB, reliant les points extrêmes A et B, diverses longueurs virtuelles, différentes entre elles, variables suivant la base adoptée pour chacune d'elles. Les principales longueurs virtuelles d'une ligne peuvent être classées ainsi :

1° Longueur virtuelle relative au travail mécanique ou à la résistance;

2° Longueur virtuelle relative aux dépenses de l'exploitation;

3° Longueur virtuelle relative aux dépenses du transport proprement dit;

4° Longueur virtuelle relative aux frais de traction;

5° Longueur virtuelle relative au prix des tarifs;

6° Longueur virtuelle relative aux vitesses.

Ces deux dernières catégories de longueurs virtuelles n'ont été que fort peu étudiées dans le passé, quoique la longueur virtuelle d'une ligne relative au prix du tarif soit une donnée très importante à déterminer pour l'exploitation rationnelle des chemins à profil accidenté.

Nous nous occuperons surtout dans la présente étude de la longueur virtuelle relative au travail mécanique, et nous la définirons de la manière suivante :

La longueur virtuelle relative au travail mécanique d'une ligne de chemins de fer AB en rampe et en courbe, est la longueur d'une ligne idéale horizontale et rectiligne, sur laquelle le travail à développer (ou la résistance à vaincre), à égalité de vitesse, est le même que sur la ligne AB, pour le transport d'une tonne de poids brut.

Il est aisé de s'apercevoir que la définition que nous venons de donner de la longueur virtuelle n'a pas un caractère de généralité permettant d'étendre cette définition aux diverses espèces de longueurs virtuelles qui existent pour une même ligne. Nous avons à dessein limité cette définition à la longueur virtuelle relative à la résistance à vaincre sur le profil de cette ligne. A la suite des recherches que nous avons faites, nous sommes arrivé à la conclusion que la longueur virtuelle relative aux résistances, est, de toutes les longueurs virtuelles d'un tracé, celle qu'il est possible de déterminer avec la plus grande approximation.

Il résulte de cette définition de la longueur virtuelle relative à la résistance d'un chemin que si plusieurs variantes d'un tracé remplissent toutes les conditions imposées par le cahier des charges et par l'acte de concession, l'intérêt bien entendu de l'exploitation exige que la préférence soit donnée à la variante dont la longueur virtuelle est la plus petite : cette variante-là aura, en règle générale, le service d'exploitation le plus facile, et donnera lieu aux frais d'exploitation les plus faibles.

On peut ajouter que si deux variantes du même tracé ont des longueurs virtuelles différentes, il serait rationnel, dans la comparaison de ces variantes, de tenir compte de la différence entre les dépenses d'exploitation de l'une et de l'autre. Aux dépenses de construction par kilomètre de la variante dont la longueur virtuelle est la plus grande, il faudrait ajouter une somme dont l'intérêt annuel fût égal à la différence positive entre les frais d'exploitation par kilomètre des deux variantes. Alors seulement, on peut procéder à une comparaison judicieuse entre les dépenses des deux variantes.

La détermination de la longueur virtuelle d'une section de chemin de fer présente donc un certain intérêt, puisqu'elle permet de se rendre compte de la difficulté de l'exploitation de cette section. Nous indiquerons d'abord les diverses méthodes en usage ou inventées jusqu'à présent pour calculer les différentes longueurs virtuelles; nous donnerons ensuite le résumé d'une nouvelle méthode que nous proposons pour déterminer la longueur virtuelle relative au travail mécanique, et nous terminerons par quelques applications que nous ferons de cette nouvelle méthode.

CHAPITRE I.

MÉTHODES DE CALCUL DES LONGUEURS VIRTUELLES.

---

§ 2. — Diversité des méthodes.

Les méthodes ou formules employées jusqu'ici pour le calcul de la longueur virtuelle d'une ligne de chemin de fer sont assez nombreuses. Elles sont diverses, quant au fond et quant à la forme; elles tiennent plus ou moins compte des éléments variables de la question. On peut pourtant les grouper en trois systèmes principaux, à savoir :

1° Système basé sur la détermination de la résistance mécanique à vaincre sur un tracé ;

2° Système basé sur le calcul de la dépense totale d'exploitation;

3° Système basé sur le calcul de la dépense du transport proprement dit.

Ces trois systèmes principaux de calcul de la longueur virtuelle reposent sur des principes différents. La dépense d'exploitation, en effet, si elle se compose de certains éléments variables avec les rampes et les courbes du profil en long, ou encore avec la résistance de ce profil, tels que consommation de houille, entretien d'une partie du matériel roulant, usure de la voie, service des freins, etc., comprend aussi d'autres éléments entièrement indépendants de la résistance du profil en long de la ligne, tels que frais généraux, service des gares, surveillance de la voie, service commercial, etc. Par suite, dans les dépenses d'exploitation d'une ligne en rampe et en courbe, il y a une partie de dépenses qui sont les mêmes que si la ligne était horizontale et rectiligne, le reste seulement de ces dépenses augmente avec les difficultés d'exploitation que présentent les rampes et les courbes du profil. Il n'en est point ainsi dans le système de la longueur virtuelle relative au travail mécanique à développer. Les résistances au mouvement des trains sur une ligne en courbe ou en rampe donnent des quantités proportionnelles au travail développé sur cette ligne.

La dépense du transport proprement dit, qui est plus faible que la dépense d'exploitation, contient également des éléments indépendants des rampes et des courbes : ainsi les frais de graissage, une partie des dépenses d'entretien des voitures et wagons, et de celles du personnel des machines, restent sensiblement les mêmes en palier et en rampe.

Ces différences entre les bases des systèmes de calcul de la longueur virtuelle doivent amener des divergences entre les résultats que l'application de chacun d'eux donnerait pour une même ligne.

Nous indiquerons, par ordre chronologique et pour chacun des trois principaux systèmes, les différentes formules et méthodes employées pour la détermination des longueurs virtuelles. Dans ces dernières années, ce sont principalement les ingénieurs et savants suisses, qui ont étudié, avec grand soin, les relations qui lient le profil d'une ligne à la résistance qu'elle présente et à la dépense d'exploitation qu'elle entraîne.

_____

§ 3. — 1er système : Longueur virtuelle relative au travail mécanique.

_____

a) — *Méthode anglaise de 1858.*

Dans un rapport publié, en 1838, dans le *Civil Engineer and Architect's Journal*, sur les chemins de fer en Irlande, les ingénieurs anglais étudièrent la question de l'influence des pentes et des rampes sur les conditions de l'exploita-

tion des chemins de fer. Ils déterminèrent expérimentale-
ment les longueurs horizontales équivalentes aux rampes et
pentes, et consignèrent le résultat de leurs recherches dans
huit tableaux (tableaux 5 à 12 du rapport). Les observa-
tions furent faites sur quatre catégories de machines. Les
charges brutes des trains y compris le poids de la machine
et du tender varièrent de 100 tonnes à 30 tonnes. Il y a deux
tableaux pour chaque catégorie de machine, et des charges
brutes différentes dans chacun de ces deux tableaux.

Nous transcrivons le premier et le dernier des huit tableaux. Chacun d'eux indique, pour une série d'inclinaisons
du chemin, les longueurs horizontales équivalentes à un
kilomètre de ligne se trouvant en rampe ou en pente d'une
inclinaison déterminée.

TABLEAU 5. Première catégorie de machines. Charge brute, 100 tonnes.				TABLEAU 12. Quatrième catégorie de machines. Charge brute, 30 tonnes.			
Inclinaison.	Longueurs horizontales équivalentes.			Inclinaison.	Longueurs horizontales équivalentes.		
	Rampe.	Pente.	Moyenne.		Rampe.	Pente.	Moyenne.
mèt.				mèt.			
0,0111	2,50	1,00	1,75	0,0111	2,00	1,00	1,50
0,0105	2,42	1,00	1,71	0,0105	1,95	1,00	1,47
0,0100	2,39	1,00	1,69	0,0100	1,90	1,00	1,45
0,0090	2,23	1,00	1,61	0,0090	1,82	1,00	1,41
0,0083	2,12	1,00	1,56	0,0083	1,75	1,00	1,37
0,0077	2,04	1,00	1,52	0,0077	1.69	1,00	1,34
0,0071	1,96	1,00	1,46	0,0071	1,64	1,00	1,32
0,0062	1,84	0,83	1,33	0,0062	1,56	0,83	1,20
0,0055	1,79	0,83	1,31	0,0055	1,50	0,83	1,16
0,0050	1,67	0,83	1,25	0,0050	1,45	0,83	1,14
0,0040	1,53	0,83	1,18	0,0040	1,35	0,83	1,09
0,0033	1,45	0,83	1,14	0,0033	1,30	0,83	1,06
0,0029	1,38	0,83	1,10	0,0029	1.26	0,83	1,04
0,0025	1,33	0,83	1,08	0,0025	1,22	0,83	1,02
0,0020	1,27	0,83	1,05	0,0020	1,18	0,83	1,01
0,0013	1,18	0,83	1,01	0,0013	1,12	0,88	1,00
0,0010	1,13	0,85	1,00	0,0010	1,09	0,91	1,00
0,0007	1,09	0,90	1,00	0,0007	1,06	0,94	1,00

Quelque imparfaite que soit cette détermination des longueurs horizontales équivalentes, elle n'en constitue pas
moins le premier essai fait dans cette voie. Il est à remar-

quer que, dans cette méthode anglaise, les longueurs équivalentes horizontales varient avec la catégorie de machines
et l'importance de la charge brute des trains. Elle ne tient
compte que des résistances sur les déclivités, et néglige
celles que présentent les courbes.

b) — *Méthode de* GHÉGA.

L'ingénieur Ghéga employa le premier le terme de *longueur virtuelle*, dans un travail publié en 1844, sur les
chemins de fer de Baltimore et de l'Ohio.

Si l'on représente par

$\dfrac{1}{m}$ la pente de la ligne,

l la longueur réelle,

Z la somme des angles au centre des courbes divisée
par 360°.

L'expression de la longueur virtuelle totale V, en tenant
compte des rampes et des courbes, sera

$$V = l\left(1 + \frac{280}{m}\right) + 1.256\,Z,$$

formule exprimée en pieds anglais.

La longueur virtuelle relative aux rampes est

$$l\left(1 + \frac{280}{m}\right).$$

Le chiffre 280 représente le poids de charge brute du
train qui correspond à une résistance égale à l'unité.

Quant à la résistance due aux courbes exprimée par
1.256 Z, en pieds anglais, Ghéga obtint cette formule à la
suite d'expériences qu'il entreprit en 1842. Les principaux
résultats de ces expériences peuvent être résumés comme
il suit :

Si r est la résistance sur une section rectiligne en palier, la résistance supplémentaire à ajouter à r dans le cas où cette section serait en courbe, serait

$$\text{Pour un rayon de 400 pieds anglais.} \quad \ldots \quad \frac{r}{2}$$

$$\text{—} \quad \text{de 200} \quad \text{—} \quad \ldots \ldots \quad r$$

Ces deux dernières résistances se rapportent à la circonférence entière de la courbe.

c) — *Formule de* CLAUDEL.

Dans la troisième édition de ses « formules, tables et renseignements pratiques, » M. J. Claudel a donné, en 1854, une formule générale du calcul de la résistance totale qui s'oppose au mouvement d'un wagon sur une courbe en rampe. Cette formule a été obtenue à l'aide de calculs et d'expériences faits par divers savants et compagnies de chemins de fer français et étrangers.

Soient :

R cette résistance totale,

P le poids qui repose sur les roues,

p le poids des roues et des essieux,

f le coefficient de frottement des essieux dans leurs boîtes,

d le diamètre des fusées des essieux,

D le diamètre des roues,

f' le coefficient du frottement de roulement des roues sur les rails,

θ un coefficient constant relatif à la résistance de l'air,

ε un coefficient qui dépend du rapport de la longueur du prisme du wagon au côté de sa base,

A la base du prisme en mètres carrés,

V la vitesse du prisme par rapport à l'air, en mètres par seconde,

f'' le coefficient de frottement de fer sur fer à l'état où se trouvent les jantes des roues et les rails,

a demi-largeur de la voie ou demi-longueur de l'essieu,

b demi-distance des essieux,

r rayon de l'arc de courbe suivi par le centre de gravité du rayon,

g l'accélération due à la pesanteur,

f''' le coefficient de frottement du rebord de la roue contre le rail,

c la distance horizontale de la verticale passant par le centre de gravité de la roue, au point où la partie frottante du rebord de la roue commence à toucher la face latérale du rail,

α l'angle que fait la rampe avec l'horizon,

On a pour la résistance R la valeur

$$R = Pf\frac{d}{D} + (P+p)f' + \theta\varepsilon AV^2 + (P+p)f''\sqrt{a^2+b^2}\frac{1}{r} +$$
$$+ \frac{P+p}{g}\cdot\frac{V^2}{r}f'''\frac{2c}{D} \pm (P+p)\sin\alpha.$$

Dans cette formule

$Pf\frac{d}{D}$, représente la résistance due au frottement des essieux,

$(P+p)f'$ la résistance due au frottement des bandages,

$\theta\varepsilon AV^2$ la résistance opposée par l'air au mouvement des wagons,

$Pf\frac{d}{D} + (P+p)f' + \theta\varepsilon AV^2$, la résistance totale à la traction sur un chemin en palier et en ligne droite,

$(P+p)f''\sqrt{a^2+b^2}\frac{1}{r}$, les résistances dues aux courbes,

$\frac{P+p}{g}\frac{V^2}{r}f'''\frac{2c}{D}$, la résistance due à la force centrifuge,

$(P+p)\sin\alpha$, la composante du poids parallèle au plan incliné.

Les divers coefficients qui entrent dans la formule peuvent être exprimés comme il suit :

$$f = 0,05, \quad f' = 0,001,$$

$\frac{d}{D}$ varie de $\frac{1}{12}$ à $\frac{1}{20}$, ordinairement égal à $\frac{1}{14}$,

$\theta = 0,0625$,

$\varepsilon = 1,10$, lorsque la longueur du prisme est égale à trois fois le côté de la base,

$a = b = 0^m,75$,

$f'' = 0,05$ d'après Coulomb, et $0,192$ d'après M. Morin, en moyenne $0,20$.

f''' peut être supposé compris approximativement entre $0,50$ à $0,40$.

La formule de M. Claudel, quoique très complète au point de vue du calcul de toutes les résistances auxquelles est soumis un véhicule, n'est pas d'une application pratique en raison de l'incertitude de quelques-uns des coefficients indiqués par l'auteur. Elle ne s'applique qu'aux résistances dues aux voitures et wagons, et non pas à celles provenant des machines.

d) — *Méthodes saxonnes et badoise* (*).

La direction des chemins de fer de l'État de Saxe a appliqué longtemps la formule suivante pour la détermination de la longueur virtuelle ; dans cette formule, les longueurs sont exprimées en pieds saxons, de $0^m,282$:

$$L' = L + 124,444\,(h + h') + 17,3755\,\Sigma\alpha.$$

Dans cette équation

L' représente la longueur virtuelle,

L la longueur réelle du chemin,

h la somme des hauteurs franchies dans un sens,

h' la somme des hauteurs gravies en sens inverse,

$\Sigma\alpha$ la somme des angles au centre de toutes les courbes.

Les coefficients $124,444$ et $17,3755$ ont été calculés à l'aide des données de la statistique des années 1858 et 1859.

La formule saxonne admet que la résistance sur les rampes

(*) M. F. Ulbricht, directeur de la statistique des chemins de fer de l'État de Saxe, et notre collègue à la commission internationale de statistique des chemins de fer, a bien voulu nous communiquer les méthodes usitées en Saxe.

M. Ch. Gerhardt, ancien élève de l'École polytechnique, ingénieur de traction à la compagnie de l'Est, nous a donné les renseignements relatifs à la méthode badoise.

est proportionnelle à la somme des hauteurs gravies dans les deux sens.

Cette hypothèse est très admissible, et donne une approximation suffisante. Mais dans l'évaluation de la résistance opposée par les courbes, cette formule ne tient pas compte du rayon des courbes; elle suppose un rayon moyen sur toute la longueur du profil. C'est là un inconvénient sérieux.

Une seconde formule de la longueur virtuelle a été établie par l'administration des chemins de fer de l'État de Saxe :

$$L' = L + \frac{Q}{2W}\,(h + h') + 0{,}008727\,f\,\frac{Q}{W}\,(s + b)\Sigma(a).$$

Dans cette formule

L' est la longueur virtuelle,

L la longueur réelle,

$(h + h')$ la somme des hauteurs franchies dans les deux sens,

Q le poids du train,

W la résistance du train, en palier, à la vitesse de V mètres à la seconde, calculée d'après Redtenbacher (page 106),

f le coefficient du frottement de glissement des roues,

s la largeur de la voie,

b l'écartement des essieux,

$\Sigma(a)$ la somme des angles au centre des courbes, en degrés.

Cette deuxième formule est beaucoup moins simple que la première, sans présenter un degré d'approximation plus grand.

La direction des chemins de fer de l'État de Bade se sert de l'expression suivante pour calculer les longueurs virtuelles,

$$L = l + 200\,h + 4c.$$

dans laquelle on représente par

L la longueur virtuelle,

l la longueur réelle,

h la hauteur franchie,

c la somme des angles au centre de toutes les courbes.

La direction des chemins de fer badois a publié, en 1872, le tableau des longueurs virtuelles des diverses sections de son réseau. Cette formule des chemins badois est employée pour la répartition des frais de traction suivant le profil des sections. Elle donne par suite les longueurs virtuelles relatives aux frais de traction ; elle admet que l'accroissement de longueur virtuelle est proportionnel à la hauteur franchie, et suppose un rayon moyen des courbes. La formule badoise a été indiquée dans cet alinéa, parce qu'elle présente de l'analogie avec la première formule saxonne.

e) — Formule de M. KOCH.

M. R. Koch, chef du bureau technique de la direction des machines des chemins de Cologne à Minden, a indiqué une autre méthode de calcul des résistances que rencontre un train sur une rampe. M. Koch a considéré l'hypothèse d'un train de marchandises à faible vitesse.

Soient W la résistance d'un train de marchandises à faible vitesse sur une rampe $\dfrac{1}{x}$ (sans locomotive, ni tender),

P le poids du train en kilogrammes,

v sa vitesse en kilomètres, à l'heure,

W_1 les résistances dues à la machine et au tender.

Q le poids de la machine,

Z la résistance totale du train, on a

$$Z = W + W_1.$$

La résistance W a pour expression

$$W = \frac{P}{1000}\left(1 + 0{,}04\,v + \frac{1000}{x}\right).$$

La résistance W_1 d'après M. Welkner est égale à

$$W_1 = \frac{Q}{1000}\left(M + 0,0044v^2 + \frac{1000}{x}\right).$$

Le coefficient M varie suivant la nature de la machine,

$M = 6$, si la machine est à roues libres,

$M = 8$, si la machine est à deux essieux couplés,

$M = 12$, si la machine est à trois essieux couplés, d'où l'on a pour Z la valeur :

$$Z = \frac{P}{1000}\left(1 + 0,04v + \frac{1000}{x}\right) + \frac{Q}{1000}\left(12 + 0,0044v^2 + \frac{1000}{x}\right),$$

dans le cas d'une machine à trois essieux couplés.

M. Koch se sert de cette formule pour calculer la rampe maxima $\frac{1}{y}$ que la même machine peut remonter à la même vitesse, et en supposant que le train ait été partagé en deux. Il arrive à la conséquence que la rampe $\frac{1}{y}$ d'un chemin de montagne peut être plus de deux fois supérieure à la rampe maxima $\frac{1}{x}$ d'une ligne en terrain peu accidenté.

La compagnie des chemins de fer de Cologne à Minden, a fait de nombreuses expériences pour déterminer les coefficients des équations ci-dessus. La vitesse moyenne des trains était de $32^k,537$ par heure.

M. Koch n'a exprimé que la résistance due aux rampes sans s'occuper de celle opposée par les courbes.

1) — Méthode de M. ABT.

M. R. Abt, ingénieur des ateliers de machines à Aarau, en Suisse, donne l'expression suivante de la résistance totale par tonne :

$$R = (a + bv)k + x,$$

dans laquelle on désigne par

v la vitesse,

x la rampe,

k le coefficient de l'augmentation de résistance due aux courbes,

a et b deux coefficients déterminés à l'aide des formules de la compagnie de l'Est français, à savoir :

$$a = 0,0017,$$
$$b = 0,00008 \text{ (trains de marchandises)}.$$

Les valeurs de k indiquées par M. Abt, sont :

Rayon des courbes. mètres.	Valeurs de k.
200	2,8
250	2,5
300	2,25
400	1,9
600	1,3
au delà de 800	1,0

Dans l'étude qu'il fait des machines à simple adhérence et des machines à roues dentées, M. Abt suppose que le coefficient d'adhérence est de 1/6, que la résistance par tonne de train y compris le tender s'élève à 6 kilog., celle de la machine à 10 kilog. par tonne.

La formule de M. Abt est d'une application pratique très facile.

g) — *Formules de* M. LINDNER.

M. Lindner, ingénieur suisse, a publié, en 1879, une étude sur la longueur virtuelle d'une ligne de chemins de fer. Si L est la longueur réelle d'une section en rampe, il représente la longueur virtuelle de cette section par aL, et calcule le coefficient a.

En désignant par W_1 la résistance opposée au train par la rampe, et par W la résistance en palier, on a

$$a = \frac{W_1}{W}.$$

La valeur du coefficient a est donnée par l'équation suivante

$$a = \frac{(1,65 + 0,05\,v)\cos\alpha \pm 1000\sin\alpha}{1,65 + 0,05\,v}.$$

Cette équation devient :

1° Si la rampe est inférieure à $0^m,04$

$$a = 1 \pm \frac{m}{2,45 + \sqrt{0,49 - 0,01225\,m}}.$$

2° Si la rampe est supérieure à $0^m,04$

$$a = \cos\alpha \pm \frac{m\cos\alpha}{2,45 - \sqrt{0,00125\,m - 0,05}}.$$

α désigne l'inclinaison de la rampe,

$\dfrac{1}{m}$ le coefficient de résistance sur un palier rectiligne.

M. Lindner a employé pour le calcul de $\dfrac{1}{m}$ la formule de MM. Vuillemin, Dieudonné et Guébhard de la compagnie de l'Est français. Voici cette formule pour les trains de marchandises :

$$\mathbf{W} = (1,65 + 0,05\,v)\,\mathbf{Q},$$

si le graissage a lieu à l'huile.

Dans cette formule, W représente la résistance du train, en kilogrammes,

Q le poids du train, en tonnes,

v la vitesse du train, en kilomètres et par heure.

Les valeurs de v varient, pour les trains de marchandises, de 12 à 32 kilomètres.

Le calcul de la résistance des courbes a lieu de la manière suivante :

La longueur d'une section en courbe étant L, la longueur virtuelle de cette section est représentée par bL.

Soient W_2 la résistance opposée au train dans la courbe ;
W la résistance en palier, on a :

$$b = \frac{W_2}{W}.$$

La valeur de b a été déterminée à l'aide de tableaux
calculés par un ingénieur allemand, M. Bœdecker, auteur
d'une méthode de calcul de l'influence et de la résistance
des courbes.

Les calculs de M. Bœdecker ne s'appliquent qu'à des
courbes de rayon supérieur à 3oo mètres.

M. Lindner employa pour la détermination de la résis
tance des courbes de rayon inférieur à 3oo mètres, la formule usitée en Allemagne :

$$W = \frac{1}{aR},$$

W étant la résistance due à la courbe, R le rayon de cette
courbe. A l'aide d'interpolations faites avec les valeurs de
α calculées d'après les données de M. Bœdecker, on arrive
à déterminer l'inclinaison de la rampe d'une résistance
égale à celle de courbes de rayon inférieur à 3oo mètres ;
cette inclinaison une fois connue, on obtient la valeur de b
en donnant à la résistance W_2 les valeurs correspondantes
aux divers rayons des courbes.

Les valeurs prises pour α sont :

$$\text{Si } R = 25o, \qquad \alpha = 1,255,$$
$$R = 2oo, \qquad \alpha = 1,23o.$$

et dans l'hypothèse d'un écartement d'essieux de 5 mètres.

Les coefficients a et b calculés par M. Lindner sont consignés par lui en tableaux ; il obtient la longueur virtuelle
d'une ligne AB, en déterminant d'abord la longueur virtuelle dans le sens AB, puis la longueur virtuelle dans le
sens BA, et en prenant la moyenne de ces deux longueurs.

2

D'après sa formule, les pentes supérieures à $0^m,0032$ correspondent à des longueurs virtuelles négatives, que M. Lindner néglige dans le calcul de la longueur virtuelle d'une ligne.

M. Lindner ne donne pas à vrai dire de formule complète de la longueur virtuelle totale d'une ligne en rampe et en courbe. Il indique une formule partielle pour les rampes, et s'appuie sur des résultats d'expériences pour le calcul des tableaux des valeurs de b. Le travail très approfondi de M. Lindner est un essai très complet tenté pour calculer, d'après les données expérimentales, la longueur virtuelle relative au travail mécanique, et à ce titre, on ne saurait trop féliciter cet ingénieur de l'avoir entrepris et mené à bonne fin.

Nous critiquerons la méthode de M. Lindner à un point de vue :

Il ne tient pas assez compte de la résistance au roulement des machines et tenders, en assimilant cette résistance par tonne à celle d'une tonne du train de véhicules. Nous verrons plus loin que cette résistance est de beaucoup supérieure à celle d'une tonne de train.

Il fait abstraction du type de la machine remorquant les trains de marchandises.

Nous remarquerons aussi qu'il néglige les pentes dans le calcul des longueurs virtuelles des lignes auxquelles il applique sa méthode, lorsque l'inclinaison de ces pentes est supérieure à $3^{millim},2$. Sur des pentes plus fortes, la formule de M. Lindner donne des longueurs virtuelles négatives qu'il laisse de côté dans le calcul de la longueur virtuelle d'un tracé de chemin de fer. Nous reviendrons sur cette question des longueurs virtuelles des pentes dans le chapitre III.

h) — *Formule de* M. STOCKER.

M. Stocker, ingénieur en chef du service de la traction et des ateliers du chemin de fer du Saint-Gothard, a évalué de la manière suivante la longueur virtuelle d'une ligne exploitée par des machines à simple adhérence.

Si l'on appelle

V la longueur réelle du chemin,

V_1 la longueur virtuelle,

m la rampe ou la pente en millimètres,

R le rayon de la courbe,

on obtient l'expression de V_1 sur une rampe et une courbe

$$V_1 = V\left(1 + 0,3147\,m + 0,00319\,m^2 + \frac{0,233 + 0,0052\,m}{R}\right).$$

Dans le cas d'une pente, on aurait

$$V_1 = V\left(1 - 0,265\,m + 0,00372\,m^2 + \frac{0,233 + 0,0052\,m}{R}\right).$$

Dans ces deux formules, l'influence de la rampe ou de la pente est exprimée, par $+ 0,3147\,m + 0,00319\,m^2$ dans le cas d'une rampe, et par $- 0,265\,m + 0,00372\,m^2$ dans le cas d'une pente. Le quatrième terme de la parenthèse donne la valeur de l'augmentation de la longueur virtuelle due à la résistance des courbes ; cette augmentation a pour expression

$$\frac{0,233 + 0,0052\,m}{R}.$$

La formule de M. Stocker est une des plus simples qui aient été établies pour le calcul des longueurs virtuelles. Il admet que la résistance sur une rampe par tonne de machine est triple de celle d'une tonne du train de véhicules. Dans les courbes, il suppose la résistance par tonne de machine double de celle d'une tonne du train de véhicules.

i) — *Comparaison des formules.*

Il est intéressant de comparer entre eux les résultats que donnent les diverses formules que nous avons indiquées pour calculer la longueur virtuelle relative à la résistance.

Pour simplifier la comparaison, nous considérerons le cas d'une section en alignement droit et en rampe d'une inclinaison variant de 5 en 5 millimètres, depuis 1 millimètre jusqu'à 30 millimètres. On obtient les chiffres indiqués au tableau suivant :

RAMPES.	MÉTHODE anglaise.	GHÉGA.	ABT.	LINDNER.	STOCKER.
millim.					
1	1,13	1,28	1,27	1,32	1,32
5	1,67	2,40	2,35	2,61	2,65
10	2,39	3,80	3,70	4,27	4,47
15	»	5,20	5,06	6,00	6,54
20	»	6,60	6,40	7,80	8,56
25	»	8,00	7,76	9,68	10,87
30	»	9,40	9,04	11,71	13,31

Ce tableau donne, pour des rampes variables, la longueur virtuelle équivalente à 1 kilomètre de longueur réelle. On remarquera que plus la formule est de date récente, plus la longueur virtuelle augmente pour une même rampe. A mesure, en effet, que les méthodes se perfectionnent, on tient compte d'un plus grand nombre d'éléments influant sur la valeur de la longueur virtuelle. Ainsi la formule de M. Lindner ne tient pas un compte suffisant de la résistance due à la machine. M. Stocker a augmenté cette résistance de la machine, et les longueurs virtuelles qu'il obtient sont supérieures à celles résultant de la formule de M. Lindner. Lorsque la rampe augmente, la différence entre les résultats des diverses méthodes doit aller en s'accentuant.

§ 4. — 2° système : Longueur virtuelle relative aux dépenses d'exploitation.

Quelques ingénieurs se sont contentés de donner une formule de calcul de la dépense d'exploitation sur une ligne en rampe et en courbe, et n'en ont pas déduit la longueur virtuelle de la ligne. Nous indiquerons les principales de ces formules de calcul de la dépense d'exploitation. Connaissant cette dépense d'exploitation sur un chemin en rampe, il suffira de la diviser par la dépense d'exploitation correspondant à un chemin horizontal pour avoir au quotient la longueur virtuelle cherchée.

a) — *Formule de* MINARD.

Dans une étude *des pentes sur les chemins de fer de grande vitesse*, publiée en 1844, *Minard*, alors inspecteur divisionnaire des ponts et chaussées, cherche à apprécier l'influence des déclivités au point de vue des frais de transport sur les chemins de fer ; il arrive à la formule suivante :

La dépense qui concerne les pentes seules, quand elles ne sont pas extraordinaires, n'est pas en moyenne de 3 p. 100 des dépenses générales.

Les pentes modérées dont Minard parle dans sa formule, ne dépassent pas 5 ou 6 millimètres par mètre. Il estime, en outre, que pour les convois de grande vitesse, l'air et les frottements opposent une résistance presque égale à l'effort nécessaire pour monter une rampe de 5 millimètres.

b) — *Formule de* M. ROECKL (*).

La méthode de M. *Roeckl*, ingénieur bavarois, connue depuis 1860, est basée sur le principe suivant : La résistance opposée par la section la plus difficile d'une ligne de chemins de fer détermine le poids des trains à faire circuler sur cette ligne. Il suffisait, d'après ce principe, de

---

(*) Nous avons puisé les éléments relatifs à la détermination de la formule de Roeckl et de celle de Ghéga, dans l'ouvrage publié par M. Lindner, ingénieur suisse, sous le titre : « *Die Virtuelle Laenge und ihre Anwendung auf Bau und Betrieb der Eisenbahnen.* » — M. Roeckl, directeur de la construction des chemins de fer bavarois, a entrepris, en 1878, de nouvelles études et expériences sur la résistance des courbes. Les résultats n'ont pas encore été publiés (voir p. 115).

chercher le point de la ligne ayant la rampe la plus forte
et la courbe la plus raide. M. Roeckl avait commencé par
convertir la résistance sur les courbes en résistances équivalentes sur des rampes, et était arrivé aux résultats suivants :

La résistance sur une courbe de

mèt.			millim.
300 de rayon équivant à celle d'une rampe de	6,25
360 id.	id.	de	5,30
450 id.	id.	de	3,57
540 id.	id.	de	2,40
600 id.	id.	de	1,40
au delà de 700 id.	à celle d'un palier.	

M. Roeckl admet comme valeur de la résistance en pa-
lier, le même chiffre que Ghéga, $\frac{1}{280}$, c'est-à-dire qu'il faut
exercer un effort de traction de 1 kilog. en palier, pour
traîner 280 kilog. de charge brute.

Cela posé, si la rampe maxima d'une ligne est de $0^m,01$,
si, en outre, la courbe la plus raide sur cette rampe a un
rayon de 360 mètres, la résistance R par tonne du train
sera :

$$R = \frac{1}{280} + 0,01 + 0,00530 = 0,01887.$$

La résistance du train sera de 0,01887 du poids de ce
train.

La formule adoptée par M. Roeckl dans le calcul des
dépenses d'exploitation est :

$$D = 3600 + 210.000\,R.$$

La dépense D étant exprimée en florins bavarois.

Le but que se proposait M. Roeckl, en calculant la dépense probable d'exploitation, était de déterminer le capital dont cette dépense représentait l'intérêt annuel; en
d'autres termes, il capitalisait la dépense d'exploitation, et
ajoutait ce capital à la dépense de construction. Il détermi-

nait pour les divers tracés qu'il étudiait, des sommes analogues, à l'aide desquelles il faisait la comparaison de ces tracés entre eux.

Les valeurs de la résistance R et de la dépense d'exploitation D, établies d'après les formules de M. Roeckl, sont trop élevées; il admet, en effet, et sans tenir compte de l'intensité du trafic, que la rampe maxima et la courbe la plus raide d'une section de ligne s'appliquent à toute la longueur de la section.

c) — *Formule de* M. DE FREYCINET.

Dans son traité *des pentes économiques des chemins de fer*, publié en 1861, M. *de Freycinet*, alors chef de l'exploitation des chemins de fer du Midi, évalue comme il suit la dépense d'exploitation sur une rampe.

Soient :

E les frais d'exploitation sur un kilomètre de rampe,

K l'ensemble des dépenses d'exploitation indépendantes de la pente,

H la hauteur à franchir,

h la pente par mètre,

Q le poids total transporté par kilomètre sur la rampe dans les deux sens,

ϖ le poids d'une machine (y compris son tender et son approvisionnement d'eau et de coke),

r la résistance opposée par tonne à la traction horizontale,

q le poids moyen d'un véhicule affecté au transport du trafic,

ε la dépense moyenne d'un frein,

n le nombre de machines nécessaires au transport du poids $\frac{1}{2}$ Q,

α la dépense kilométrique d'une machine circulant seule sur un palier,

a la dépense kilométrique d'une tonne sur un palier,

δ la quantité dont il faut diminuer la dépense α lorsque la machine descend la rampe,

A la dépense des stations et du contrôle pour la rampe entière $\dfrac{H}{1000\,h}$,

B la dépense d'entretien des bâtiments de toute nature, de surveillance de la voie, d'entretien et de renouvellement de la voie, afférente à toute la longueur de la rampe,

β le chiffre d'usure produit, par machine, sur la rampe.

La dépense E faite sur un kilomètre de rampe peut se mettre sous la forme :

$$E = K + 2n\left(\alpha - \frac{1}{2}\delta\right) + \frac{1}{2}aQ + \left(\frac{1}{2}Q + n\varpi\right)\frac{ah}{r} +$$
$$+ A\frac{1000\,h}{H} + 10\,\varepsilon\,\frac{Q}{q}\,h + B\frac{1000\,h}{H} + 2n\beta.$$

Dans cette formule, l'ensemble des frais de traction et d'entretien des machines est exprimé, à la montée de la rampe, par :

$$n\,\alpha + \frac{1}{2}aQ + \left(\frac{1}{2}Q + n\varpi\right)\frac{ah}{r},$$

à la descente, par :

$$n(\alpha - \delta).$$

La dépense kilométrique du service des stations et du contrôle est représentée par :

$$A\frac{1000\,h}{H}.$$

Le terme $10\,\varepsilon\dfrac{Q}{q}\,h$ est égal à la dépense kilométrique des freins.

La dépense kilométrique du service des bâtiments et de la voie figure dans la formule par le terme $B\dfrac{1000\,h}{H}$.

Toutes les dépenses indépendantes de la pente, à quelque service d'exploitation qu'elles appartiennent, sont comprises dans la valeur de K.

Dans les applications numériques que M. de Freycinet fait à la fin de son ouvrage, il donne la valeur des principaux coefficients contenus dans sa formule de la dépense

d'exploitation. L'auteur s'est servi, pour établir ces coefficients, des résultats de l'exploitation de la compagnie du
Midi, en 1860. Voici l'expression numérique des principaux
coefficients :

$r = 5$ kilog. (résistance par tonne à la traction horizontale).
$\alpha = 0^f,820$, dépense kilométrique d'une machine marchant à vide
    sur un palier,
$\delta = 0^f,05$, différence entre la consommation de combustible d'une
    locomotive marchant à vide sur une ligne horizontale et sa
    consommation à la descente des fortes rampes;
$a = 0^f,0015$, frais de traction par tonne brute remorquée.
$\beta = 0^f,23$, dépense d'entretien de la voie par passage de machine,
$b = 10$ tonnes, poids moyen d'un véhicule chargé,
$\varepsilon = 0^f,025$, dépense par kilomètre parcouru par un wagon à freins,
$K = 2980$ francs.

Si l'on met K sous la forme :

$$K = cQ.$$

Q étant le poids transporté sur un kilomètre de chemin,
le coefficient c, qui représente la dépense par tonne a, pour
la compagnie du Midi, la valeur :

$$c = 0^f,0043.$$

Le poids d'une machine, y compris le tender et les ap-
provisionnements, est de 46 tonnes.

Dans le cas où le nombre des stations sur la rampe est
indépendant de l'inclinaison adoptée, on peut, dans l'expression de la dépense E, supprimer les coefficients A et B
et attribuer à K une valeur modifiée en conséquence.

La formule de la dépense d'exploitation totale E sur une
rampe peut servir, suivant qu'on tiendra compte du terme K
ou qu'on le laissera de côté, à calculer la longueur virtuelle
relative à la dépense d'exploitation ou celle relative à la
dépense de transport; il suffira de connaître la dépense
d'exploitation ou la dépense de transport sur un palier.

d) — *Formule de* M. HEYNE.

M. *Heyne*, ingénieur autrichien, dans une étude publiée en 1865, indique une formule de calcul des dépenses d'exploitation d'une ligne en rampe.

En désignant par :

R'', les dépenses annuelles, par mille (*), exprimées en florins autrichiens;

E', les recettes brutes annuelles, par mille;

$\dfrac{1}{g}$, la rampe du chemin;

c', une constante variant avec la valeur de E',

M. Heyne arrive à l'expression suivant :

$$R'' = c' + 0,182\ E' + \frac{(c' + 0,182\ E')\,40,6}{g}.$$

Si l'on a :

$$E' \gtrless 75.000 \text{ florins,}$$

la valeur de c' devient 13.470 florins. Si, au contraire, E' est plus grand que 75.000 florins, le coefficient c' est égal à 23.070.

La formule de Heyne ne contient aucun terme relatif à la résistance des courbes, et ne s'occupe que de la résistance due aux rampes.

e) — *Méthodes italiennes.*

L'ingénieur italien, M. *Rombeaux*, membre de la deuxième grande commission d'enquête instituée en 1864, par le gouvernement italien, pour donner son avis sur les divers tracés devant franchir les Alpes helvétiques, a indiqué, dans l'annexe V du rapport, présenté en 1865, par cette commission, une formule de calcul des distances virtuelles.

(*) La valeur du mille autrichien en kilomètres est de $7^{km},5859$. Le florin autrichien, au pair, vaut $2',50$.

M. Rombeaux considère comme équivalentes à une ligne horizontale, au point de vue des frais d'exploitation, toutes les lignes qui ne présentent pas de rampes supérieures à 6 millimètres, lorsque le trafic est égal dans les deux sens.

Néanmoins, M. Rombeaux est conduit à ne calculer les distances virtuelles que pour les rampes supérieures à 10 millimètres. Il détermine trois espèces de longueurs virtuelles : celle relative aux dépenses d'exploitation, celle relative aux prix des tarifs, et enfin celle correspondant à la vitesse des trains.

Si H désigne la hauteur à franchir, le terme additionnel de la distance virtuelle relative aux frais d'exploitation sera, d'après lui, une longueur égale à 60 H.

Les distances virtuelles correspondant aux prix du tarif, distances qu'il faut ajouter à la longueur réelle d'une ligne de montagne, ont pour expression 33 H ou 20 H, selon qu'il s'agit du trafic de transit ou du commerce international. L'hypothèse admise par M. Rombeaux, comme base de ses calculs, est que le bénéfice par chaque unité de trafic transportée à 1 kilomètre, doit être le même sur les chemins de montagne et sur ceux de plaine.

M. Rombeaux a adopté l'hypothèse de l'égalité des bénéfices. Ce n'est là qu'un cas particulier de la question : il aurait pu prendre un rapport quelconque entre le bénéfice en plaine et le bénéfice en pays de montagne. On eût aussi pu admettre un bénéfice proportionnel à la dépense d'exploitation, ou à celle de transport; on eût pu également prendre une dépense d'exploitation majorée d'une part proportionnelle à l'intérêt et à l'amortissement du capital de construction. Lorsque, par le fait de la concurrence, le tarif devient égal au prix de revient du transport, la longueur virtuelle relative aux tarifs est égale à celle relative aux dépenses d'exploitation.

Le terme additionnel des distances virtuelles lorsqu'il s'agit des vitesses des convois a pour valeur 45 H.

Les longueurs virtuelles déterminées d'après cette méthode ne contiennent aucun terme relatif aux courbes. En
outre, les longueurs virtuelles sont rapportées à celle d'une
ligne en rampe de 10 millimètres. Or la résistance qu'oppose à la circulation d'un train de poids déterminé, une
ligne en rampe de 10 millimètres est presque quadruple
de celle que le même train doit vaincre sur une section en
palier.

M. Ruva (*) ingénieur italien a appliqué les chiffres
suivants au calcul de l'augmentation des dépenses de
transport proprement dit sur des rampes de diverses inclinaisons.

Rampes. millim.	Coefficient d'augmentation des dépenses de transport.
6.	1,0
12.	1,5
18.	2,0
24.	2,5

Le colonel italien, *M. La Nicca*, dans une note communi-
quée, en 1864, à la commission technique italienne, admet
les résultats suivants :

Rampes. millim.	Progression des dépenses d'exploitation correspondantes.
7.	10
10.	12
18.	18
20.	20
25.	25

D'après ces chiffres, il y aurait presque proportionnalité
entre les dépenses d'exploitation et les rampes. Cette formule a, dans tous les cas, le grand avantage d'être très
simple.

(*) Nous aurions dû faire figurer la formule de M. Ruva dans le
paragraphe suivant. Nous avons voulu réunir en un seul groupe
les diverses méthodes dues à des ingénieurs italiens.

f) — *Méthode de* M. MENCHE DE LOISNE.

M. *Menche de Loisne*, ingénieur en chef des ponts et chaussées, a publié dans les *Annales des ponts et chaussées* de 1879, une méthode de calcul du prix de revient moyen du transport en transit d'une tonne kilométrique, à mesure que l'inclinaison des rampes augmente.

L'auteur admet que sur des lignes considérées en palier ou en quasi-palier, et dont les rampes varient de 0,00 à 0^m,005 (ancien réseau de la compagnie du Nord), le prix de revient moyen du transport d'une tonne à 1 kilomètre s'élève à 0^f,0251 ; M. Menche de Loisne en déduit les valeurs suivantes du prix de revient :

Rampes.		Prix de revient par tonne nette kilométrique.
mèt.	mèt.	fr.
de 0,00 à	0,005.	0,0251
	0,007.	0,0272
	0,009.	0,0286
	0,011.	0,0303
	0,013.	0,0329
	0,015.	0,0364
	0,017.	0,0416
	0,020.	0,0581
	0,023.	0,0622
	0,030.	0,0756

Ces prix de revient sont déterminés jusqu'à la rampe de 0,017, à l'aide des données statistiques de la compagnie du Nord, et à partir de la rampe de 0,020 avec celles de la compagnie d'Orléans.

A l'aide des chiffres précédents, on a transformé le parcours en profil accidenté, en parcours sur un quasi-palier, pour la région exploitée par la compagnie du Nord jusqu'à la rampe de 0,017, et pour le réseau de la compagnie d'Orléans au delà des rampes de 0,017.

| Rampes. | | Réduction de 1 kilomètre de profil accidenté |
mèt.	mèt.	en kilomètres de quasi-palier.
de 0,00 à	0,005.	1,000
	0,007.	1,108
	0,009.	1,139
	0,011.	1,208
	0,013.	1,310
	0,015.	1,452
	0,017.	1,658
	0,020.	2,314
	0,023.	2,478
	0,030.	3,212

Les longueurs réduites du tableau précédent sont toutes rapportées à une rampe moyenne comprise entre 0,000 et 0,005, et qui d'après une note de l'auteur serait 0,003.

g) — *Formule de* M. CULMANN.

M. Culmann, professeur à l'École polytechnique de Zurich, a indiqué là formule suivante de la dépense d'exploitation par kilomètre de ligne :

$$K = a + b\tau + E\tau + F\tau + [c + K\tau + (\gamma + x\tau)Z]\frac{(\tau + \tau')\mu}{\zeta - \tau - \tau'}.$$

dans cette formule

$a + b\tau$ représentent les dépenses générales,

τ est la rampe,

$E\tau$ la dépense des gares,

$F\tau$ la dépense des trains,

$[c + K\tau + (\gamma + x\tau)Z]\dfrac{(\tau + \tau')\mu}{\zeta - \tau - \tau'}$ la dépense de traction,

τ' la résistance par tonne, égale, en moyenne, à 6 kilog.,

ζ le coefficient d'adhérence égal, en moyenne, à 0,16,

Si M désigne le poids de la machine, μM le poids total à transporter, et T le poids du train, $\dfrac{\mu M}{T}$ indiquera le nombre des trains par an, et M. Culmann pose

$$(T + M)(\tau + \tau') = z = \zeta M,$$

d'où

$$\frac{\mu M}{T} = \frac{(\tau + \tau')\mu}{\zeta - \tau - \tau'},$$

Dans cette expression, le coefficient τ' de la résistance s'applique aussi bien aux véhicules qu'à la machine du train.

M. Culmann calcule le coefficient de la formule dans deux hypothèses :

1° Grand trafic. . . . . 1.080.000 tonnes.
2° Faible trafic. . . . .   108.000   —

Il obtient pour les chemins de fer suisses :

	Dépenses d'exploitation.	Dépenses d'exploitation et d'intérêt du capital.
a	8.000.	26.000
b	10.000.	10.000
E $\begin{cases}$ Grand trafic . . .	125.000.	150.714
 Faible trafic. . .	12.500.	25.357
F $\begin{cases}$ Marchandises . .	0,35.	0,444
 Voyageurs. . . .	0,1	0,125
c	0,3	0,46
γ	0,4	0,47

Les valeurs de K et de x sont

$$K = 1,5 \text{ et } x = 0,6.$$

F est la somme totale des dépenses des trains quand on s'élève de 1 kilomètre.

h) — *Méthode de* M. DE SZABÒ.

M. Jules de Szabò, professeur à l'École polytechnique hongroise de Buda-Pest, a établi théoriquement la dépense d'exploitation d'un chemin de fer, par kilomètre et par an. Il est arrivé à l'expression suivante des dépenses d'exploitation K :

$$K = c + 0{,}0015\, T' + 0{,}00006\, T'' +$$
$$+ \frac{T'}{t'} [0{,}15 + \alpha' t' (0{,}00009 + 0{,}021\, \tau)] +$$
$$+ \frac{T''}{t''} [0{,}225 + \alpha'' t'' (0{,}00003 + 0{,}01\, \tau)] +$$
$$+ [(0{,}00006 + 0{,}003\, \tau) + 0{,}015\, f (0{,}004 + \tau)] \times$$

$$\times \left[\frac{T'}{t'}(\alpha't' + S') + \frac{T''}{t''}(\alpha''t'' + S'') \right],$$

dans laquelle

c représente les dépenses kilométriques annuelles indépendantes du trafic,

T' l'intensité du trafic de voyageurs en quintaux de 50 kil.,

T'' l'intensité du trafic kilométrique de la petite vitesse,

t' le poids utile d'un train de voyageurs,

t'' le poids utile d'un train de marchandises,

$\alpha't'$ le poids brut d'un train de voyageurs,

$\alpha''t''$ le poids brut d'un train de marchandises,

τ la rampe moyenne de la ligne,

f le prix du quintal de houille,

S' le poids d'une machine d'un train de voyageurs,

S'' le poids d'une machine d'un train de marchandises.

M. de Szabo a calculé l'influence qu'exerçait la rampe moyenne τ sur les dépenses d'exploitation, à l'aide de la série de Maclaurin. Il arrive, à la fin de son étude, aux deux conséquences suivantes déduites de ses formules :

1° Sur les lignes de montagne, à fort trafic (Semmering), la rampe maxima ne doit pas dépasser $0^m,02316$;

2° Sur les lignes de montagne, à trafic moyen, la rampe maxima doit s'élever au plus à $0^m,0281$.

La formule théorique de M. de Szabo est assez compliquée, et d'une application pratique un peu longue.

i) — *Méthode de la compagnie des chemins de fer de Paris à Lyon et à la Méditerranée.*

Sous la direction de *M. Noblemaire*, directeur de l'exploitation de la compagnie de Paris à Lyon, *M. Amiot*, ingénieur des mines, au service de la même compagnie, a établi, pour le calcul du prix de revient d'une tonne kilométrique, la formule

$$(1) \quad X_A = 1,44 + 0,073 i \left(1 + \frac{225}{f + 100} \right) + \frac{390}{f} + \frac{175}{f + 100}.$$

i représente la rampe fictive moyenne. On l'obtient en prenant la rampe fictive correspondant à chaque section de charge, dans chaque sens, et en calculant la moyenne. On s'est servi à cet effet du livret des charges des trains, établi par le service de la traction,

f est la fréquentation diurne moyenne de la ligne, dans chaque sens. On a

$$f = \frac{P}{730\,L}.$$

P étant le tonnage kilométrique annuel des marchandises, L la longueur de la ligne.

L'équation (1) a été ramenée à une forme plus simple, donnant des résultats très peu différents de ceux de l'équation (1),

$$(2) \qquad X_B = 1{,}46\,(1 + 0{,}05\,i)\left(1 + \frac{285}{f}\right).$$

L'expression de X_A a été mise sous forme de tableau à double entrée donnant le prix de revient en centimes pour une rampe et une fréquentation données :

RAMPE fictive moyenne.	PRIX DE REVIENT en centimes, par tonne et kilomètre, pour une fréquentation de						
	∞	2000	1000	500	300	100	50
0	1,44	1,72	1,99	2,51	3,18	6,21	10,41
5	1,80	2,12	2,43	3,01	3,75	6,99	11,32
10	2,17	2,53	2,87	3,51	4,32	7,77	12,23
15	2,53	2,93	3,31	4,02	4,89	8,54	13,14
20	2,90	3,33	3,75	4,52	5,46	9,32	14,06
25	3,26	3,74	4,19	5,02	6,03	10,09	14,97
30	3,63	4,14	4,63	5,52	6,60	10,87	15,88

M. Amiot a comparé les résultats obtenus par les formules (1) et (2), avec ceux établis à l'aide des dépenses effectives, et est arrivé à la conclusion que l'erreur moyenne de la formule (1) était de 16,1 p. 100, et l'erreur moyenne de la formule (2) de 17,6 p. 100.

Dans les *Annales des mines* de 1879, M. Amiot étudie l'influence des pentes sur le prix de revient kilométrique d'une tonne de marchandises de petite vitesse, et arrive au résultat suivant :

Lorsque deux localités sont reliées par deux ou plusieurs chemins, il convient de choisir pour y faire passer les marchandises, de l'une à l'autre de ces localités, celui de ces chemins pour lequel le produit

$$L(1 + 0,05i),$$

est un minimum.

L est la longueur du chemin, et i sa rampe fictive moyenne.

Les choses se passent comme si la longueur du chemin était majorée de 5 p. 100 par chaque millimètre de rampe fictive.

La conclusion pratique de l'étude de M. Amiot est que 1 kilomètre devra être compté

Pour 1000 mètres si la rampe varie de   o à 5 millimètres.
— 1200   — . . . . 5,1 à 10   —
— 1400   — . . . . 10,1 à 15   —
— 1600   — . . . . 15,1 à 20   —
— 1800   — . . . . 20,1 à 25   —
— 2000   — . . . . 25,1 à 30   —
— 2200   — . . . . 30,1 à 35   —

L'importance du réseau de la compagnie de Paris à Lyon et à la Méditerranée, donne un grand intérêt aux résultats que nous venons d'indiquer.

k) — Comparaison des résultats des diverses méthodes.

La réunion en un seul tableau des résultats donnés par quelques-unes des précédentes méthodes de détermination de la longueur virtuelle relative aux dépenses d'exploitation, fait toucher du doigt le défaut qui est commun au plus grand nombre d'entre elles.

L'unité adoptée n'est pas fixe, mais varie presque d'une méthode à l'autre. Ainsi le tableau suivant qui résume ces méthodes, indique que :

RAMPE en millimètres.	MÉTHODE italienne.	MÉTHODE suisse.	MENCHE DE LOISNE.	P. L. M. (Fréquentation) 1000
millim.				
0.0	»	»	1,000	1,000
5,0	»	»	1,000	1,22
7,0	1,0	»	1,108	»
9,0	»	»	1,139	»
10,0	1,2	1,0	»	1,44
11,0	»	»	1,208	»
13,0	»	»	1,310	»
15,0	»	1,19	1,452	1,66
17,0	»	»	1,658	»
18,0	1,8	»	»	»
20,0	2,0	1,40	2,314	1,88
23,0	»	»	2,478	»
25,0	2,5	1,62	»	2,11
30,0	»	1,85	3,212	2,33
35,0	»	2,11	»	»
40,0	»	2,39	»	»
45,0	»	2,69	»	»
50,0	»	3,00	»	»

L'unité adoptée est tantôt la dépense sur une rampe de 10 millimètres, tantôt celle correspondant à la rampe de 7 millimètres, tantôt celle relative à une rampe moyenne entre 0 et 5 millimètres. Il résulte de là qu'une comparaison rigoureuse entre les résultats du tableau précédent ne pourrait être faite qu'en ramenant les chiffres des diverses colonnes à une même unité, qui devrait être la dépense d'exploitation sur une ligne en palier. En outre, la plupart de ces résultats ont été établis sans avoir égard à l'intensité du trafic.

---

§ 5. — 3ᵉ système : Longueur virtuelle relative à la dépense de transport.

Il nous reste à indiquer les méthodes employées pour le calcul des dépenses de transport et des longueurs virtuelles correspondantes. Quelquefois, dans une même méthode, on trouvera la dépense de transport et la dépense d'exploitation que nous n'avons pas séparées, afin de ne pas détruire l'unité de la méthode.

a) — *Méthodes suisses* (*).

Le message du 11 septembre 1873, adressé par le conseil fédéral suisse à la chambre fédérale, renferme une méthode de calcul des longueurs virtuelles. Elle est due à *l'inspectorat technique des chemins de fer suisses.*

L'unité adoptée est la dépense de transport proprement dite, ou, comme dit le message, la résistance sur une ligne en rampe de 10 millimètres. Voici les chiffres auxquels est arrivé le département fédéral des chemins de fer.

RAMPES	COEFFICIENT de la dépense de transport (Résistance).	COEFFICIENT de la dépense d'exploitation.
mèt.		
0,010	1,00	1,00
0,015	1,38	1,19
0,020	1,80	1,40
0,025	2,24	1,62
0,030	2,70	1,85
0,035	3,22	2,11
0,040	3,78	2,39
0,045	4,38	2,69
0,050	5,00	3,00

On a admis que la dépense d'exploitation sur une rampe de 10 millimètres était représentée par l'unité.

Par dépenses de transport, il faut entendre :

1° Celles des matières consommées, telles que houille, graisse, etc. ,

---

(*) M. Heussler von der Mühl, membre du comité de direction du chemin de fer Central suisse et notre collègue à la commission internationale de statistique des chemins de fer, a bien voulu nous faire parvenir les documents dans lesquels nous avons trouvé les méthodes suisses et italiennes.

2° Celles du personnel des trains ;

3° L'entretien des machines, voitures et wagons.

Nous remarquerons que la dépense de transport, ainsi définie n'est pas rigoureusement proportionnelle à la résistance sur les rampes ; car, dans ces dépenses, il entre des éléments indépendants de la rampe, tels que graissage, entretien d'une partie du matériel roulant. On peut ajouter du reste, que fort peu d'ingénieurs ont défini de la même manière les dépenses de transport.

Le message en question contient encore un deuxième système de calcul des longueurs virtuelles. La base adoptée cette fois n'est plus la dépense de transport sur une rampe de 10 millimètres, mais la dépense sur une rampe de 6 millimètres. Nous mentionnons les chiffres indiqués par le département fédéral, ainsi que ceux trouvés, en partant de la même unité, par *M. Koller*, inspecteur du chemin de fer du Saint-Gothard.

RAMPES.	COEFFICIENT de la dépense de transport	
	d'après M. Koller.	d'après le département fédéral.
mèt.		
0,006	1,00	1,00
0,012	1,57	1,58
0,018	2,20	2,21
0,024	2,89	2,90
0,030	3,68	3,75
0,036	4,55	4,65
0,042	5,54	5,56
0,048	6,69	6,70

Les résultats consignés dans les deux tableaux précédents ne sont pas susceptibles d'une application générale, et ne peuvent être employés que dans l'hypothèse toute spéciale dans laquelle ils ont été établis ; l'usage de la méthode est restreint, puisqu'elle rapporte toutes les dépenses de transport, d'une part, à celles d'une rampe de 10 millimètres, d'autre part, à celles d'une rampe de 6 millimètres.

M. Lommel, ingénieur suisse, dans une étude sur les passages du Simplon, Saint-Gothard et Lukmanier arrive à la conclusion qu'il faut augmenter la longueur réelle d'un chemin de 1 kilomètre pour gravir une hauteur de 10 mèt. Il a obtenu ce résultat à l'aide de calculs établis sur la différence des dépenses d'exploitation des sections en plaine et en rampe. D'après lui, par conséquent, la longueur virtuelle d'un kilomètre d'une ligne en rampe de 25 millimètres serait $3^k,500$.

M. Hellwag, ingénieur autrichien, qui a été, pendant trois années environ, le directeur des travaux de percement du tunnel du mont Saint-Gothard, a employé, en 1876, pour le calcul des longueurs virtuelles des rampes du Saint-Gothard, une formule dans laquelle il n'a fait entrer que les hauteurs absolues gravies par la ligne. Il s'agissait sur le mont Saint-Gothard de l'emploi de rampes de $0^m,025$. M. Hellwag est arrivé à la conclusion suivante :

Lorsqu'on s'élève de 10 mètres sur une rampe de $0^m,025$, l'allongement de la longueur équivalente horizontale est égal à 800 mètres. Il résulte de là qu'un kilomètre en rampe de $0^m,025$ équivaut à 3 kilomètres de longueur virtuelle.

b). — *Formules de* M. LAUNHARDT.

M. *Launhardt*, directeur de l'École polytechnique de Hanovre, a publié, en 1877, de nouvelles formules devant servir au calcul des dépenses de transport et des longueurs virtuelles. Sans entrer dans les détails d'établissement de la formule, qui sont très longs, nous nous contenterons d'indiquer cette formule.

Si l'on désigne par :

K, la dépense de transport d'une tonne de poids brut sur toute la ligne ;

f, les frais de construction et d'entretien du matériel roulant par tonne brute kilométrique ;

c, les dépenses kilométriques des serre-freins;

s, la rampe fondamentale d'une ligne. Cette rampe est, en général, la plus forte d'une ligne, à moins qu'elle ne puisse être franchie par élan;

B_0, les dépenses kilométriques de la machine marchant à vide;

B_1, la dépense par kilomètre d'une machine marchant plein collier,

On a $\qquad B_1 = 62,5 + 3o\,Z$, en centimes,

ou encore $\qquad B_1 = 62,5 + 3o\,z\mathrm{L}.$

W, la résistance par tonne brute;

L, le poids de la locomotive et du tender;

Z, l'effort tangentiel exercé par les roues motrices

z, le coefficient de traction,

on a $\qquad\qquad Z = z\mathrm{L},$

l_0, la somme des longueurs de toutes les sections de ligne en rampe sans influence.

M. Launhardt appelle rampes sans influence, celles dont l'inclinaison s_0 est assez faible pour que la vitesse à la descente ne diffère pas sensiblement de celle à la montée, et qu'il ne soit pas nécessaire de serrer les freins à la descente.

h_1, la hauteur totale, exprimée en kilomètres, des sections gravies par les rampes nuisibles;

l_1, la longueur totale, en kilomètres, des sections nuisibles;

α_0, la somme des angles au centre des courbes situées sur des rampes sans influence;

α_1, la somme des angles au centre des courbes situées sur des rampes nuisibles;

λ_0, la longueur totale des courbes situées sur des rampes sans influence;

λ_1, la longueur totale des courbes situées sur des rampes nuisibles.

L'expression de la dépense des trains par tonne kilométrique parcourue sur la ligne sera :

$$K = \left(f + es + \frac{B_0(W + s)}{(z - W - s)L} \right)(l_0 + l_1) + \frac{B_1 - B_0}{(z - W - s)L} \times$$

$$\times \left(Wl_0 + \frac{1}{2}Wl_1 + \frac{1}{2}h_1 + 0,00003\,\alpha_0 + 0,000015\,\alpha_1 - \right.$$

$$\left. - 0,002\lambda_0 - 0,001\lambda_1 \right).$$

La longueur totale de la ligne l est égale à $l_0 + l_1$. Les valeurs des divers coefficients sont :

$e = 0^t,025,$

$B_0 = 0^t,625,$

$W = \begin{cases} 0,003 \text{ pour les trains de marchandises,} \\ 0,0055 \qquad \text{id.} \qquad \text{de voyageurs,} \\ 0,01 \qquad \text{id.} \qquad \text{express,} \end{cases}$

$z = \begin{cases} 0,05 + 2s \text{ pour les trains de marchandises,} \\ 0,02 + 2s \qquad \text{id.} \qquad \text{de voyageurs,} \end{cases}$

$f = 0^t,34$ par tonne brute kilométrique de train de marchandises,

et $f = 0^t,68$ par tonne brute kilométrique de train de voyageurs.

M. Launhardt exprime l'accroissement de résistance c dû au passage de courbes par la formule :

$$c = \frac{1,7}{r} - 0,002,$$

r étant le rayon de la courbe.

Il admet que cette résistance devient nulle dès que le rayon des courbes atteint 850 mètres.

La rampe fondamentale s d'une ligne est évaluée comme il suit :

$$s = s_1 + c,$$

s_1 étant la rampe maxima de la ligne, et c la résistance due à la plus faible courbe située sur cette rampe maxima.

Les coefficients de la formule de M. Launhardt sont différents, suivant qu'on étudie les trains de voyageurs ou les trains de marchandises.

Nous remarquerons que la valeur K des dépenses de transport d'une tonne de train, telle qu'elle a été donnée par M. Launhardt, ne comprend pas toutes les dépenses d'exploitation. Elle ne contient que les dépenses de traction, du matériel et des serre-freins.

A l'aide de l'équation des dépenses de transport, M. Launhardt établit l'expression de la longueur virtuelle, qu'il appelle *longueur réduite de l'exploitation.*

Si l'on désigne par :

l_0, la longueur virtuelle ;

l, la longueur réelle de la ligne,

on a pour l_0 la valeur :

Pour le service des marchandises :

$$l_0 = l\left(1 + \frac{2,3533 + 5s}{0,047 + s}s + \frac{1,5 + 60s}{0,047 + s}(s_1 - \mathbf{W}) + \frac{1,5 + 60s}{0,047 + s}c\right),$$

et pour le service des voyageurs :

$$l_0 = l\left(1 + \frac{0,636 + 1,856\,s}{0,0145 + s}s + \frac{0,2228 + 22,28\,s}{0,0145 + s}(s_1 - \mathbf{W}) + \frac{0,2228 + 22,28\,s}{0,0145 + s}c\right).$$

Ces formules sont établies avec un grand soin ; les différences entre les résistances dues aux trains de voyageurs et celles dues aux trains de marchandises y sont observées. On peut, au point de vue théorique, critiquer l'introduction dans la formule des rampes sans influence, car nous croyons qu'il n'y a point de rampe qui n'exerce aucune influence sur les dépenses d'exploitation ou sur la longueur virtuelle. Si nos moyens d'expérimentation ne sont pas assez perfectionnés, ni assez précis pour évaluer cette influence, elle n'en existe pas moins. Du reste, dès l'instant où l'on admet des rampes sans influence, il devient nécessaire de fixer une limite d'inclinaison de ces rampes. Nous avons vu, par ce qui précède, que quelques ingénieurs ont admis pour limite la rampe de 5 millimètres, d'autres, celle de 6 millimètres; en un mot, on marche un peu au hasard, une fois qu'on est engagé dans cette voie-là.

Remarquons aussi que les résistances dues aux rampes et aux courbes, dont M. Launhardt s'est servi dans l'expression de la dépense de transport K, sont les résistances dues à des rampes et à des courbes moyennes.

La formule des dépenses de transport de M. Launhardt est une des plus complètes et des plus soigneusement établies parmi les diverses formules en usage.

c) — *Comparaison des diverses méthodes de calcul des dépenses de transport.*

Nous avons indiqué, dans le tableau suivant, le résumé des diverses méthodes de calcul de la longueur virtuelle relative aux dépenses de transport. La critique qui a déjà été faite au § 4, alinéa *k*, à l'occasion des longueurs virtuelles relatives aux dépenses d'exploitation, s'applique également ici. Les longueurs virtuelles, au lieu d'être rapportées à une ligne en palier, le sont à des lignes d'inclinaisons variables, comme le montre le tableau de la page suivante.

Par suite des différences qui existent entre les points de départ des diverses méthodes que contient ce tableau, il n'est pas possible de comparer entre eux tous les résultats indiqués. La comparaison ne peut avoir lieu que pour les formules ayant la même rampe pour base.

RAMPE en millimètres.	MÉTHODE italienne.	MÉTHODE suisse.	KOLLER.	DÉPARTEMENT fédéral.
millim.				
6,0	1,0	»	1,00	1,00
10,0	»	1,00	»	»
12,0	1,5	»	1,57	1.58
15,0	»	1,38	»	»
18,0	2,0	»	2,20	2,21
20,0	»	1,80	»	»
24,0	2,5	»	2,89	2,90
25,0	»	2,24	»	»
30,0	»	2,70	3,68	3,75
35,0	»	3,22	»	»
36,0	»	»	4,55	4,65
40,0	»	3,78	»	»
42.0	»	»	5,54	6,56
45,0	»	4,38	»	»
48,0	»	»	6,69	6.70
50,0	»	5,00	»	»

L'unité est tantôt la rampe de 6 millimètres, tantôt celle de 10 millimètres.

On remarquera cependant que les longueurs virtuelles relatives aux dépenses de transport sont supérieures à celles relatives aux dépenses d'exploitation, et inférieures aux longueurs virtuelles relatives au travail mécanique. Il doit en être ainsi; il suffit, en effet, pour le comprendre, de se reporter à l'analyse des éléments constitutifs de la dépense du transport proprement dit, de la dépense d'exploitation et du travail mécanique.

§ 6. — Résumé.

Le résumé succinct que nous venons de donner des principales méthodes appliquées jusqu'à ce jour pour calculer, soit les résistances à vaincre, soit les dépenses d'exploitation, soit les dépenses de transport, et pour déterminer les longueurs virtuelles correspondantes à chacun de ces éléments, montre que bien peu de ces méthodes peuvent donner des résultats comparables entre eux.

Les unes ont pour base le travail mécanique développé, les autres la dépense d'exploitation ou celle de transport.

Les unes ne tiennent pas compte des résistances dues aux courbes, d'autres admettent pour les courbes un rayon moyen sur toute la ligne. Quelques auteurs, au lieu de rapporter les résistances et les dépenses sur un chemin en rampe à celles d'une ligne horizontale, ont pris pour unité les résistances et les dépenses sur des lignes en rampe de $0^m,003$ ou de $0^m,006$, et même de $0^m,010$.

Chaque formule correspond à une hypothèse différente, à un point de vue nouveau : l'une s'appuie surtout sur des résultats d'expérience, sur des faits d'observation; l'autre est déduite, presque en entier, de la théorie mathématique.

Souvent aussi l'auteur d'une formule des résistances dues aux rampes et aux courbes d'une ligne, ou d'une formule des dépenses d'exploitation et de transport, se contente d'indiquer l'équation à laquelle il est arrivé; il fait une ou deux applications de sa formule, mais il omet de calculer des tables de coefficients pouvant servir à une application générale et rapide de sa méthode.

Dans l'établissement de quelques-unes des formules on ne s'est laissé guider que par les conditions purement locales d'une ligne déterminée de chemins de fer. Il est clair que, par cela même, une pareille formule ne pourrait recevoir une application générale, et servir au calcul des dépenses d'exploitation et de transport probables ou au calcul de la résistance d'un chemin situé dans un autre pays, et devant être exploité dans des conditions différentes.

Ce qui vient d'être dit des formules mentionnées plus haut démontre qu'on ne saurait comparer entre eux les résultats qu'elles fournissent qu'en usant de la plus grande réserve; sans cela on risquerait d'aller au-devant de mécomptes. Il convient de ne faire de comparaison qu'entre des facteurs et des résultats comparables, et cela n'a pas lieu dans le cas actuel, ainsi que l'indique l'étude spéciale de chaque formule.

CHAPITRE II.

§ 7. — Principes et hypothèses admis dans la méthode.

Dans les calculs qui vont suivre nous admettrons les bases suivantes :

a) — Le rapport de la résistance opposée à la marche d'un train par une rampe, à la résistance qu'aurait à vaincre ce même train marchant, à la même vitesse, sur un palier, représente la longueur virtuelle de la rampe.

b) — Parmi les diverses formules servant au calcul de la résistance que rencontre un train sur un alignement droit et horizontal, nous citerons celle de Pambour, celle de MM. Harding et Scott Russel, celle de MM. Gooch et Sewell et celle de Clark, ces trois dernières appliquées en Angleterre. Les Allemands ont les formules de M. Welkner, de Redtenbacher, de M. Ruehlmann, de la compagnie des chemins de fer de Cologne à Minden. En Autriche, il y a la formule indiquée par la compagnie des chemins de fer du Sud de l'Autriche et celle de la Société autrichienne.

Nous donnons, dans l'annexe A, le résumé de ces diverses formules de la résistance d'un train sur un alignement droit en palier.

Les formules établies le plus récemment en France, sont celles de MM. Vuillemin, Dieudonné et Guébhard, de la compagnie des chemins de fer de l'Est. De toutes ces formules, celles qui reposent sur le plus grand nombre d'expériences sont la formule de la compagnie des chemins de fer de Cologne à Minden, celle de MM. Harding et Russel et la formule de la compagnie de l'Est.

Nous adopterons cette dernière formule;

Si l'on désigne par

R la résistance du train, en kilogrammes,

P le poids du train, en tonnes, non compris la locomotive et le tender,

v la vitesse du train,

MM. Vuillemin, Dieudonné et Guébhard arrivent, dans le cas des trains de marchandises, et lorsque le graissage des wagons a lieu à la graisse, à l'expression suivante de la résistance sur un palier rectiligne :

$$R = (2,3 + 0,05\,v)\,P.$$

Si le graissage se fait à l'huile, la formule de la résistance devient :

$$R = (1,6 + 0,05\,v)\,P.$$

La vitesse v est comprise entre 12 et 32 kilomètres.

c) — Les résistances dues aux courbes seront transformées en résistances équivalentes sur des rampes ; c'est-à-dire que l'on calculera la rampe qui donnerait lieu à une résistance égale à celle de la courbe. Afin de déterminer ces rampes équivalentes aux courbes, nous nous appuierons sur les données expérimentales calculées par divers ingénieurs.

d) — La résistance d'un train se compose de celle des véhicules et de celle de la machine et de son tender. Dans l'étude actuelle, il est nécessaire de tenir compte de la résistance de la machine. Ce qu'on doit connaître en effet, lorsqu'on compare deux tracés de chemins de fer, c'est le travail mécanique total à développer sur chacun d'eux. Or si les rampes augmentent, le poids de la machine devient une fraction de plus en plus grande du poids total du train qu'elle remorque, le nombre de machines nécessaires pour traîner un poids de véhicules déterminé sera d'autant plus considérable, et par suite le travail total à développer d'autant plus important.

e) — Nous étudierons la longueur virtuelle d'une ligne

en ne considérant que le trafic des marchandises ; ce trafic est, en général, le plus important sur les réseaux de chemins de fer.

La longueur virtuelle qu'il conviendrait de prendre dans le cas où l'on ne tiendrait compte que du trafic de voyageurs, se déterminerait de la même manière que dans l'hypothèse dans laquelle nous nous sommes placé. Il suffirait de donner à la résistance R en palier une autre valeur que celle indiquée plus haut. La formule de résistance en palier à appliquer dans le cas où l'on étudierait la longueur virtuelle relative au mouvement des voyageurs, serait d'après MM. Vuillemin, Dieudonné et Guébhard :

Pour les trains de voyageurs, si la vitesse est comprise entre 5o et 65 kilomètres,

$$R = (1,8 + 0,08\,v)\,P + 0,006\,A v^2.$$

A étant la surface frontale du train en mètres carrés.

Pour les trains express, dont la vitesse est comprise entre 70 et 8o kilomètres,

$$R = (1,8 + 0,14\,v)\,P + 0,004\,A v^2,$$

P étant le poids du train, v la vitesse, et R la résistance en palier.

---

§ 8. — Formule de la longueur virtuelle.

Le calcul de la résistance qu'éprouve un train sur une section en rampe et en courbe constitue un des problèmes les plus compliqués de la science appliquée. En théorie pure, il s'agirait de déterminer le travail à développer pour transporter des trains pesants, d'un point à un autre. Dans la pratique, un grand nombre d'éléments les plus divers viennent influer sur la valeur de ce travail. Le diamètre des fusées des essieux de véhicules, l'écartement de ces essieux, le type de la locomotive, le graissage à l'huile ou à la graisse, le graissage des bandages des roues motrices, le jeu des essieux dans les boîtes à graisse, la nature des rails et des bandages, l'état de la voie, les conditions atmosphériques, la direction et la vitesse du vent, la vitesse et la nature du train, etc., sont autant de facteurs variables, influant sur la résistance à surmonter par la machine, et qui peuvent faire varier cette résistance du simple au double. Il serait difficile, croyons-nous, d'arriver à une formule pratique tenant compte de tous ces éléments. Aussi dans l'étude qui va suivre, on s'est placé dans des conditions nettement définies. On ne considère que les trains de marchandises; la machine qui remorquera les trains sera à trois essieux couplés, avec tender séparé, du type de la machine du Bourbonnais; cette machine, est en effet, en temps normal, la véritable machine des trains de marchandises. L'écartement des essieux des véhicules varie de $2^m,75$ à 3 mètres.

La méthode que nous allons développer s'appuiera surtout sur les meilleures données expérimentales établies jusqu'ici. Nous n'avons pas la prétention d'établir des formules théoriques à l'abri de la critique; ce que nous cherchons avant tout, c'est une méthode approximative, pratique et simple pour calculer les longueurs virtuelles.

Considérons une section en rampe et en courbe, et désignons par :

L la longueur réelle de cette section

αL l'accroissement de longueur virtuelle dû à la rampe.

βL l'augmentation de longueur virtuelle provenant de la résistance de la courbe;

L_v la longueur virtuelle totale de la section, on aura

$$L_v = L + \alpha L + \beta L,$$

ou
$$L_v = L(1 + \alpha + \beta) \qquad (1)$$

Il faut déterminer les coefficients α et β.

a) — *Influence de la rampe.*

Soit I l'inclinaison d'une section en rampe et en alignement droit.

Désignons par R_1 la résistance opposée par la rampe I au train, y compris la machine et le tender (*),

R_0 la résistance du train sur un palier rectiligne,

M le poids de la machine sans le tender ;

P le poids du train de wagons.

Le poids du tender sera représenté très sensiblement par $\frac{5}{9}M$, lorsque la machine à marchandises est à trois ou quatre essieux couplés. C'est l'hypothèse dans laquelle nous nous plaçons.

Nous supposerons l'inclinaison I de la rampe assez faible pour que l'on puisse admettre sans erreur appréciable :

$$\sin I = \tan g\ I = I.$$

(*) Il est indispensable de tenir compte dans la résistance à vaincre pour franchir la rampe, du poids de la machine et de son tender. On a déjà vu que si l'inclinaison des rampes augmente, le poids de la locomotive et de son tender devient une fraction de plus en plus grande du poids total du train, ou, en d'autres termes, le type de la machine restant le même, le poids du train remorqué diminue quand la rampe augmente. Ce n'est pas la résistance par tonne remorquée par la machine qu'il convient de calculer, mais la résistance par tonne du train entier, véhicules et moteur. Si l'on procédait autrement, on négligerait un des éléments importants de la résistance à vaincre, le poids de la machine et de son tender. Car lorsque deux variantes d'un tracé sont en présence et que le trafic probable est le même sur les deux variantes, il se peut que suivant les conditions du profil en long, il faille, sur l'une d'elles, un nombre de trains double de celui des trains de l'autre variante, quoique le tonnage transporté soit le même sur les deux tracés. Le nombre des trains sur l'une des variantes étant double de celui de l'autre variante, il faudra un parcours double des machines. Ce parcours des machines plus grand dans un cas que dans l'autre, donne lieu à une résistance supplémentaire à vaincre, dont il est nécessaire de tenir compte dans la comparaison des deux tracés. On admet, bien entendu, que sur les deux variantes, l'utilisation de la force de traction de la machine est la même.

4

Cette hypothèse est réalisée sur tous les chemins de fer exploités par des machines à simple adhérence. Nous excluons, par le fait, de cette étude, les chemins de fer à crémaillère et à roue dentée, ainsi que ceux à moteur fixe et à traction funiculaire. Ces deux dernières catégories de chemins de fer n'ont, en effet, jusqu'à présent, acquis que très peu d'importance en France.

L'augmentation de résistance due à la rampe l est $R_I - R_0$, et l'augmentation α de la longueur virtuelle par le fait de la rampe sera :

$$\alpha = \frac{R_I - R_0}{R_0}.$$

Pour obtenir α, il faut déterminer la valeur de l'expression $\frac{R_I - R_0}{R_0}$.

Nous calculerons d'abord la résistance du train de véhicules, puis celle du tender et enfin celle de la machine.

Résistance du train de véhicules. — Le calcul de cette résistance est basé sur la formule expérimentale établie par MM. Vuillemin, Guébhard et Dieudonné, de la compagnie de l'Est. Parmi les nombreuses formules théoriques et expérimentales en usage en Europe, c'est la formule de la compagnie de l'Est qui nous a paru calculée dans les meilleures conditions d'expérience, et avec le plus de soin, lorsqu'il s'agit des trains de marchandises à faible vitesse. Nous renvoyons le lecteur à l'annexe A, dans laquelle nous donnons le résumé des diverses méthodes de calcul de la résistance d'un train en palier, appliquées aujourd'hui par les administrations de chemins de fer.

Lorsque les trains de marchandises marchent à une vitesse comprise entre 12 et 32 kilomètres sur un palier qu'on peut supposer rectiligne, par un beau temps et à une température voisine de 15 degrés, la résistance par tonne de train est, d'après la formule de la compagnie de l'Est :

Pour les trains lubréfiés à l'huile :

$$1,65 + 0,05 \text{ V}.$$

Pour les trains lubréfiés à la graisse :

$$2,30 + 0,05 \text{ V}.$$

V étant la vitesse du train.

Le graissage des wagons étant fait en partie à la graisse, en partie à l'huile, nous adopterons, pour la résistance par tonne de train, une expression moyenne entre les deux relations précédentes, qui est :

$$2 + 0,05 \text{ V}.$$

Cette formule est, nous dit-on, en usage aujourd'hui à la compagnie de l'Est.

La résistance du train de véhicules sera, par suite, de :

$$P\,(2 + 0,05\,\text{V}),$$

sur un palier rectiligne, et de :

$$P\,(2 + 0,05\,\text{V} \pm \text{I}),$$

sur une rampe ou pente en alignement droit et d'une inclinaison I.

Résistance du tender. — A l'aide des expériences de MM. Vuillemin, Guébhard et Dieudonné, sur la résistance des tenders seuls, la compagnie de l'Est a déterminé l'expression de cette résistance par tonne de tender; elle est :

$$2,6 + 0,09 \text{ V},$$

sur un alignement droit en palier, et devient, sur une rampe I :

$$2,6 + 0,09 \text{ V} + \text{I}.$$

Le poids du tender en charge des machines de marchandises à trois et à quatre essieux couplés est, à très peu de chose près, les $\frac{5}{9}$ du poids de la machine, de sorte que la résistance totale du tender sera, en palier :

$$\frac{5}{9} M(2,6 + 0,09 V),$$

sur une rampe ou pente I :

$$\frac{5}{9} M(2,6 + 0,09 V \pm I).$$

Résistance de la machine. — Le type de la machine de marchandises, que nous supposons employée dans les conditions habituelles de l'exploitation des chemins de fer, est la machine à trois essieux couplés avec tender séparé. Le poids de la machine est de 33 tonnes, celui du tender est d'environ 18 tonnes.

La machine à quatre essieux couplés n'est employée, en général, que sur les fortes rampes.

Nous considérerons exclusivement, dans la suite, le type ordinaire de la machine de marchandises, celle à trois essieux couplés.

La résistance des machines sans tender est composée de trois éléments (*) :

1° La résistance due au roulement de la machine comme véhicule ;

2° La résistance due au frottement du mécanisme ;

(*) MM. Vuillemin, Guébhard et Dieudonné ont trouvé par tonne de machine de marchandises à trois essieux couplés, les résistances suivantes ;

	kilog.
Roulement.	6,15
Frottement du mécanisme.	6,05
Frottements additionnels dus à la pression de vapeur. . . .	3.02
	15,22

La résistance totale par tonne de machine de marchandises s'élève à 15^k,22.

3° La résistance due aux frottements additionnels provenant de la pression de la vapeur.

De ces trois résistances, la seule qui nous intéresse et dont nous ayons à nous occuper est celle due au roulement de la machine comme véhicule. Cette résistance au roulement de la machine est surmontée par l'adhérence, et elle vient diminuer l'effort tangentiel exercé par les roues motrices sur les rails pour traîner le tender et les wagons.

Les résistances dues au frottement du mécanisme et à la pression de la vapeur sont des résistances intérieures de la machine qui n'exercent aucune influence sur l'adhérence et l'effort tangentiel.

Nous avons établi une formule de la résistance au roulement des machines, considérées comme véhicules, à l'aide de l'expression donnant la résistance au roulement du tender. Cette expression est, comme on l'a vu :

$$2,6 + 0,09\,V.$$

Les expériences de la compagnie de l'Est ont montré que le coefficient de frottement des fusées du tender dans les boîtes à graisse, est, à la vitesse de 25 à 30 kilomètres :

$$f = 0,043.$$

D'autre part, les mêmes expériences ont montré qu'à la même vitesse, le coefficient de frottement des fusées de la machine dans les boîtes à graisse, le mécanisme étant démonté, a pour valeur :

$$f = 0,052.$$

En multipliant la formule de la résistance au roulement du tender (par tonne) par le rapport $\frac{52}{43}$ des coefficients de frottement des fusées de la machine et du tender dans les boîtes à graisse, nous avons obtenu la formule de la résistance au roulement par tonne de machine, en palier :

$$3,16 + 0,11\,V.$$

Comme vérification de l'exactitude de cette formule, nous avons comparé les résultats qu'elle donne, pour une vitesse de 27 kilomètres, avec le chiffre établi par les expériences de MM. Vuillemin, Guébhard et Dieudonné. On a trouvé, à la compagnie de l'Est, qu'avec la machine à marchandises à trois essieux couplés, marchant à la vitesse de 24 à 27 kilomètres, la résistance au roulement par tonne de machine est de $6^{kg},5$.

La formule ci-dessus donne, pour la vitesse de 27 kilom., une résistance au roulement, par tonne de machine, égale à $6^k,13$.

Si M désigne le poids de la machine, la résistance au roulement de la machine considérée comme véhicule sera, en palier

$$M(3,16 + 0,11\,V),$$

sur une rampe ou pente I,

$$M(3,16 + 0,11\,V \pm I).$$

Résistance du train entier, véhicules et machine. — La résistance du train entier se compose de la somme des résistances partielles déterminées précédemment.

On aura, en palier,

$$R_0 = P(2 + 0,05\,V) + \frac{5}{9}M(2,6 + 0,09\,V) + M(3,16 + 0,11\,V),$$
$$R_0 = P(2 + 0,05\,V) + M(4,6 + 0,16\,V). \tag{1}$$

et sur une rampe en pente I,

$$R_1 = P(2 + 0,05\,V \pm I) + \frac{5}{9}M(2,6 + 0,09\,V \pm I) +$$
$$+ M(3,16 + 0,11\,V \pm I),$$
$$R_1 = P(2 + 0,05\,V \pm I) + M(4,6 + 0,16\,V \pm I). \tag{2}$$

Les résistances R_0 et R_1 renferment comme quantités variables la vitesse V, la rampe I, le poids du train P et le poids du moteur M.

On peut éliminer le poids M de la machine, en cherchant la relation qui lie ce poids au poids du train remorqué.

Relation entre le poids moteur et le poids du train remorqué. — On vient de voir que la résistance du train entier, véhicules et moteur, sur une rampe ou pente I a pour expression

$$R_I = P(2 + 0,05\,V \pm I) + M(4,16 + 0,16\,V \pm I).$$

L'effort tangentiel exercé par les roues motrices, doit être supérieur ou au moins égal à cette résistance du train entier. Or, l'expérience a montré que l'adhérence maxima de la machine était de $\frac{1}{5}$, et l'adhérence minima de $\frac{1}{10}$.

On a pris l'adhérence moyenne de $\frac{1}{7}$.

On arrive ainsi à la relation

$$\frac{1000\,M}{7} \geq P(2 + 0,05\,V \pm I) + M(4,6 + 0,16\,V \pm I),$$

d'où l'on déduit

$$\frac{M}{P} = \frac{2 + 0,05\,V \pm I}{138,26 - 0,16\,V \mp 1,55\,I}. \tag{3}$$

Dans cette équation M représente le poids adhérent de la machine, sans le tender.

Calcul de α. — Si dans les équations (1) et (2) donnant la résistance du train entier, on remplace le poids moteur M par sa valeur en fonction de P tirée de l'équation (3),

$$R_0 = P(2 + 0,05\,V) + M(4,6 + 0,16\,v). \tag{1}$$

$$R_1 = P(2 + 0,05\,V \pm I) + M(4,6 + 0,16\,V \pm I). \tag{2}$$

$$M_0 = P\,\frac{2 + 0,05\,V}{138,26 - 0,16\,V}.$$

$$M_I = P\,\frac{2 + 0,05\,V \pm I}{138,26 - 0,16\,V \mp 1,55\,I}. \tag{3}$$

on obtient pour les résistances R_0 et R_1 les expressions

$$R_0 = 142,86 P \frac{2 + 0,05 V}{138,26 - 0,16 V}. \tag{4}$$

$$R_1 = 142,86 P \frac{2 + 0,05 V \pm I}{138,26 - 0,16 V \mp 1,55 I}. \tag{5}$$

Mais on a

$$\alpha = \frac{R_1 - R_0}{R_0},$$

en substituant dans cette dernière relation à R_0 ou à R_1, les valeurs tirées des équations (4) et (5), et en faisant les réductions, on arrive à la relation

$$\alpha = \frac{\pm 141,36 I \mp 0,0825 I . V}{276,52 + 6,59 V \mp 3,1 I \mp 0,0775 I . V - 0,008 V^2}. \tag{6}$$

α est donné par l'équation (6), en fonction de la rampe ou pente I et de la vitesse V. Il reste à chercher l'équation qui lie entre elles les quantités I et V.

Relation entre la vitesse et la rampe. — En admettant que l'effort de traction exercé par la machine d'un train soit constant, si l'inclinaison de la rampe que doit franchir le train augmente, la vitesse du train devra diminuer. Le travail de la machine restant le même, il y a nécessairement une relation qui existe entre la vitesse du train et la rampe à franchir. Presque chaque administration de chemins de fer calcule, d'après des procédés ou des formules empiriques, pour un poids déterminé du train, quelle doit être la vitesse sur une rampe d'une inclinaison connue; ou plutôt, elle détermine les charges brutes que peut remorquer une machine sur différentes rampes et à des vitesses variables. Elle arrive ainsi à établir les *tableaux des charges des trains.*

Nous n'essayerons pas de chercher une formule théorique exprimant la vitesse en fonction de la rampe, nous nous contenterons à l'aide de quelques données expérimentales d'établir une relation approximative entre ces deux quantités.

En France, la vitesse moyenne de marche des trains de marchandises en palier, ne dépasse pas, en général, 25 kilomètres à l'heure.

Sur les rampes de 25 millimètres, la vitesse descend à peu près à 15 kilomètres à l'heure, et elle n'est plus que d'environ 12 kilomètres à l'heure sur les rampes de 30 millim.

Ces résultats de l'expérience conduisent à la formule

$$V = 25 - 0,568 I + 0,0045 I^2 (*). \qquad (7)$$

L'équation (7) donne la relation expérimentale approximative qui permet de calculer la vitesse d'un train de marchandises en fonction de la rampe.

Expression de α en fonction de I.— En remplaçant dans l'équation (6), V par sa valeur tirée de l'équation (7), et en donnant aux termes en I le signe correspondant à la rampe, on a

$$\alpha = \frac{139,31 + 0,0468 I^2 - 0,00037 I^3}{436,5 - 8,55 I + 0,0693 I^2 - 0,00031 I^3}. \qquad (8)$$

On a négligé au dénominateur le terme en I^4, dont le coefficient 0,000 000 162 est tellement faible que le terme entier est négligeable. Si I est inférieur à 10 millimètres, on peut également ne pas tenir compte des termes en I^3.

b) — *Influence due aux courbes.*

Le calcul théorique de la résistance opposée par une

(*) En cherchant la valeur de I qui donne le minimum de V, on trouve que ce minimum correspond à une inclinaison de I = 63 millimètres. La vitesse V descend dans ce cas à 7 kilomètres. — En égalant à 0 le second terme de l'équation (7), on arrive à des racines imaginaires. La courbe du second degré représentée par l'équation (7), a une tangente horizontale au point V = 7 et I = 63.

courbe au mouvement d'un véhicule ou d'un train a été entrepris par beaucoup d'ingénieurs. Nous renvoyons à l'annexe B, dans laquelle nous avons résumé les diverses méthodes théoriques et expérimentales employées dans le calcul de la résistance des courbes.

Les formules théoriques de la résistance dans les courbes, outre qu'elles sont par leur nature même très compliquées, ne peuvent nous être d'aucune utilité dans la présente étude.

Parmi les formules expérimentales, celle de M. Haswell établie à l'aide d'expériences faites sur le matériel américain ne saurait être appliquée au matériel français. Les expériences faites par MM. Polonceau, Forquenot, Vuillemin, Guébhard et Dieudonné, Roeckl, de Weber, Boedecker, n'ont pas été traduites en formule empirique. Il ne reste alors que la formule des ingénieurs anglais et la formule allemande.

Dans la formule anglaise, la résistance sur une courbe est transformée en une résistance équivalente sur une rampe. Si r est le rayon d'une courbe en mètres, la résistance due à cette courbe est égale à celle qu'oppose une rampe $\dfrac{0,914}{r}$; appelons R cette résistance, on aura

$$R r = 0,914. \tag{9}$$

La formule des ingénieurs allemands ne diffère de la formule anglaise que par le coefficient constant; l'expression de la rampe équivalente est $\dfrac{0,76}{r}$; r étant le rayon de la courbe en mètres. Si R est la résistance par tonne, on a

$$R r = 0,76. \tag{10}$$

Les équations (9) et (10) sont les deux seules formules expérimentales que nous ayons trouvées pour calculer la résistance due aux courbes.

Ces deux formules laissent beaucoup à désirer. Elles ne tiennent compte que du rayon de la courbe et du poids du train, et ne contiennent pas de facteur relatif à la vitesse du train, ni à sa longueur. La vitesse des trains de marchandises étant faible, on peut, à la rigueur, supposer que le terme correspondant à la vitesse soit insignifiant.

Mais il n'en est pas de même de la longueur du train. Cette longueur est, en général, considérable, et lorsque le rayon des courbes diminue, l'effort de traction auquel est soumis un wagon du train, ne s'exerce plus dans l'axe du wagon, mais sous un angle variable avec la place occupée par le wagon dans le train, et avec le rayon de la courbe, d'où une augmentation sensible de la résistance dans la courbe (*).

Quoi qu'il en soit, les deux formules en question étant les seules connues, et donnant approximativement la résistance due aux courbes, nous les emploierons pour arriver à l'équation générale de la longueur virtuelle d'une ligne en rampe et en courbe.

Dans le calcul numérique du coefficient β des tableaux qui suivront, nous nous servirons également de ces deux formules, mais en outre nous tiendrons compte des résultats déduits des expériences faites par MM. Polonceau, Forquenot, Vuillemin, Guébhard et Dieudonné, et Boedecker.

(*) La valeur de la résistance due aux courbes pour les trains de petite vitesse n'a pas pourtant l'importance que lui prêtent quelques ingénieurs; la résistance due aux rampes d'une ligne est toujours de beaucoup supérieure à celle des courbes.

A mesure que les rampes d'une ligne deviennent plus fortes, et les courbes plus raides, le poids des trains et leur longueur diminuent, le type de la machine restant le même. On conçoit par suite qu'il existe une relation entre la rampe d'une ligne, les rayons de ses courbes et les résistances dues à ces courbes.

M. Ch. Gerhardt a cherché cette relation, et il est arrivé aux résultats consignés dans le tableau suivant. Sur onze profils-types déterminés, dont la rampe fondamentale varie de 3 millimètres à

Calcul de β. — Si dans les équations (9) et (10), nous adoptons pour unité de rampe, le millimètre, elles deviendront :

$$Rr = 914. \tag{9}$$
$$Rr = 760. \tag{10}$$

Prenons la moyenne entre les deux termes constants du second membre, et nous aurons une expression d'une approximation plus grande de la résistance des courbes en France. La formule anglaise, en effet, déduite d'expériences faites en Angleterre, correspond à des vitesses moyennes de trains de marchandises de 29 à 30 kilomètres à l'heure. Ces vitesses sont supérieures aux vitesses des trains de petite vitesse en France. La formule anglaise donnerait donc

26 millimètres, il a cherché les rayons des courbes donnant lieu à la même résistance pour des trains marchant à la même vitesse.

RAMPES en millimètres.	RAYONS DES COURBES donnant lieu à la même résistance sur les rampes indiquées.									
3,0	2000	1800	1500	1000	900	800	790	600	500	400	300
4,0	1730	1560	1300	870	780	690	610	520	430	350	260
5,5	1480	1390	1110	740	670	590	520	440	370	300	220
7,0	1310	1180	980	650	590	520	460	390	330	260	»
9,0	1150	1040	860	580	520	460	400	350	290	230	»
11,0	1040	960	780	520	470	420	360	310	260	»	»
13,0	960	860	720	480	430	380	340	290	240	»	»
16,0	870	790	650	430	390	350	300	260	»	»	»
19,0	800	720	600	400	360	320	280	240	»	»	»
22,0	740	660	550	370	330	290	260	»	»	»	»
26,0	680	600	510	340	300	270	240	»	»	«	»

Ainsi des trains de longueur variable, suivant la rampe, remorqués par la même machine travaillant à plein collier sur les diverses rampes indiquées, donneraient lieu, sur les courbes dont les rayons sont inscrits dans chaque *colonne verticale* du tableau, à des résistances qui seraient les mêmes, la vitesse étant supposée constante. Dans la formule qui a servi de base aux calculs, on a supposé que la résistance des trains dans les courbes était proportionnelle à la longueur de ces trains. Cette hypothèse donne des résistances trop fortes, ainsi que le montrent les expériences faites sur le Semmering (voir page 117).

sur nos lignes des résultats un peu trop forts. On appliquera la formule

$$Rr = 837.\qquad(11)$$

La résistance sur une courbe de rayon r sera donc
équivalente à celle qu'oppose une rampe d'une incli-
naison $\dfrac{837}{r}$, et sera égale à $\dfrac{837}{r}$ kilog. Pour obtenir β, il
faut calculer l'allongement de longueur virtuelle dû à une
rampe $\dfrac{837}{r}$.

Or nous avons vu que l'équation (8) qui donne l'expression de α,

$$\alpha = \frac{139,31 + 0,0468\,I^2 - 0,00037\,I^3}{436,5 - 8,55\,I + 0,0693\,I^2 - 0,00031\,I^3}\;(*),\quad(8)$$

indique précisément l'allongement de longueur virtuelle
dû à une rampe d'une inclinaison I.

Il suffit donc de remplacer dans l'équation (8), I par $\dfrac{837}{r}$,
pour obtenir la valeur de β.

On remarquera que la rampe $\dfrac{837}{r}$, pour un rayon très
faible, de 100 mètres par exemple, a la valeur de $8^{mm},37$
et que cette rampe n'atteindra dans aucun cas 10 millimètres en voie courante, et sur la voie de $1^m,44$ de largeur.
Il en résulte que les termes en I^3 de l'équation (8), sont

(*) La valeur de I pour laquelle α devient infini est obtenue
en égalant le dénominateur à o. En résolvant graphiquement
l'équation du troisième degré

$$436,5 - 8,55\,I + 0,0693\,I^2 - 0,00031\,I^3 = 0,$$

on trouve que la racine positive de cette équation est $I = 90$. Cela
veut dire que des rampes supérieures à 90 millimètres ne peuvent
plus être franchie par des machines à simple adhérence.

négligeables dans la valeur de β, et l'on aura,

$$\beta = \frac{139,3\,\dfrac{837}{r} + 0,0468\left(\dfrac{837}{r}\right)^2}{436,5 - 8,55\,\dfrac{837}{r} + 0,0693\left(\dfrac{837}{r}\right)^2},$$

ou en simplifiant,

$$\beta = \frac{32.787 + 116.594\,r}{48.549 - 7156\,r + 436,5\,r^2}, \qquad (12)$$

r représente le rayon de la courbe en mètres.

c) — *Équation de la longueur virtuelle totale.*

On a vu que l'équation de la longueur virtuelle totale d'une section de ligne en rampe I et en courbe de rayon r, était

$$L_v = L(1 + \alpha + \beta).$$

α étant l'accroissement de longueur virtuelle dû à la rampe I, et β l'accroissement de longueur virtuelle dû à la résistance de la courbe de rayon r.

Remplaçons α et β par leurs valeurs tirées des équations (8) et (12), et on aura l'expression de la longueur virtuelle totale de la section :

$$L^v = L\left(1 + \frac{139,3\,I + 0,0468\,I^2 - 0,00037\,I^3}{436,5 - 8,55\,I + 0,0693\,I^2 - 0,00031\,I^3} + \right.$$
$$\left. + \frac{32.787 + 116.594\,r}{48.549 - 7166\,r + 436,5\,r^2} \right) \qquad (13)$$

L est la longueur réelle de la section en rampe I, et en courbe de rayon r; I est exprimé en millimètres et r représente des mètres.

A l'aide de l'équation (13), on pourra calculer la longueur virtuelle relative à la résistance opposée par une section de ligne quelconque en rampe I, et en courbe de rayon r.

§ 9. — Valeurs de α depuis la rampe 0 jusqu'à la rampe de 30 millimètres.

Afin de faciliter la recherche de la longueur virtuelle, relative au travail mécanique à développer, nous avons calculé les valeurs de α pour des rampes de o à 3o millimètres, en faisant varier la rampe de dixièmes de millimètre en dixièmes de millimètre.

$$\alpha = \frac{139,31 + 0,0468\,I^2 - 0,00037\,I^3}{436,5 - 8,55\,I + 0,0693\,I^2 - 0,00031\,I^3}.$$

Le calcul du coefficient α n'a lieu que pour des valeurs positives de I ; pour les valeurs négatives de I, on a admis, comme on le verra plus loin (§ 11), que le coefficient α était sensiblement égal à o. On a évité de rechercher les valeurs de α sur les pentes.

On a négligé aussi de tenir compte de l'élan que peut prendre un train marchant sur un palier ou sur une pente, afin d'attaquer une rampe avec une vitesse supérieure à la vitesse normale de marche. La résistance à vaincre, et le travail mécanique à développer sont à peu près les mêmes, soit qu'on franchisse la rampe par élan, soit que la machine travaille à plein collier et sans élan. Lorsqu'une machine attelée à un train circule sur un palier qui précède une rampe, et que le mécanicien veut franchir, par élan, une partie de cette rampe ou même la rampe entière, il fait prendre à son train une vitesse supérieure à la vitesse normale que doit avoir le train sur le palier. L'accroisement de force vive qui en résulte pour le train permet au mécanicien d'attaquer la rampe et éventuellement de la franchir plus facilement que s'il l'avait abordée avec une vitesse égale à la vitesse de la marche normale du train en palier, et sans prendre un élan sur ce palier. Mais dans les deux cas, le travail effectué par la machine est sensiblement le même (la différence des vitesses n'étant pas très-grande), et il n'y a pas lieu de se préoccuper, dans le calcul des résisances à vaincre, de l'élan d'un train à la montée d'une rampe.

Tableau des valeurs de α.

RAMPE en millimètres.	VALEURS de α.	RAMPE en millimètres.	VALEURS de α.	RAMPE en millimètres.	VALEURS de α.	RAMPE en millimètres.	VALEURS de α.	RAMPE en millimètres.	VALEURS de α.
0,1	0,032	6,1	2,200	12,1	4,937	18,1	8,326	24,1	12,676
0,2	0,064	6,2	2,241	12,2	4,988	18,2	8,389	24,2	12,751
0,3	0,096	6,3	2,282	12,3	5,039	18,3	8,453	24,3	12,827
0,4	0,129	6,4	2,323	12,4	5,091	18,4	8,518	24,4	12,903
0,5	0,162	6,5	2,364	12,5	5,143	18,5	8,584	24,5	12,978
0,6	0,195	6,6	2,405	12,6	5,195	18,6	8,650	24,6	13,054
0,7	0,228	6,7	2,446	12,7	5,247	18,7	8,716	24,7	13,130
0,8	0,261	6,8	2,488	12,8	5,299	18,8	8,783	24,8	13,206
0,9	0,294	6,9	2,530	12,9	5,351	18,9	8,850	24,9	13,282
1,0	0,327	7,0	2,572	13,0	5,404	19,0	8,917	25,0	13,358
1,1	0,360	7,1	2,614	13,1	5,457	19,1	8,985	25,1	13,434
1,2	0,393	7,2	2,656	13,2	5,511	19,2	9,054	25,2	13,511
1,3	0,426	7,3	2,698	13,3	5,565	19,3	9,124	25,3	13,587
1,4	0,460	7,4	2,741	13,4	5,619	19,4	9,195	25,4	13,664
1,5	0,494	7,5	2,784	13,5	5,673	19,5	9,267	25,5	13,740
1,6	0,528	7,6	2,827	13,6	5,727	19,6	9,340	25,6	13,817
1,7	0,562	7,7	2,870	13,7	5,782	19,7	9,413	25,7	13,894
1,8	0,596	7,8	2,913	13,8	5,837	19,8	9,486	25,8	13,971
1,9	0,630	7,9	2,956	13,9	5,892	19,9	9,550	25,9	14,048
2,0	0,664	8,0	3,000	14,0	5,947	20,0	9,634	26,0	14,125
2,1	0,699	8,1	3,044	14,1	6,002	20,1	9,698	26,1	14,203
2,2	0,734	8,2	3,088	14,2	6,057	20,2	9,772	26,2	14,281
2,3	0,769	8,3	3,132	14,3	6,112	20,3	9,846	26,3	14,360
2,4	0,804	8,4	3,176	14,4	6,167	20,4	9,920	26,4	14,439
2,5	0,839	8,5	3,220	14,5	6,223	20,5	9,994	26,5	14,518
2,6	0,874	8,6	3,265	14,6	6,279	20,6	10,068	26,6	14,598
2,7	0,909	8,7	3,310	14,7	6,335	20,7	10,142	26,7	14,678
2,8	0,945	8,8	3,355	14,8	6,391	20,8	10,216	26,8	14,759
2,9	0,981	8,9	3,400	14,9	6,447	20,9	10,290	26,9	14,841
3,0	1,017	9,0	3,445	15,0	6,503	21,0	10,364	27,0	14,924
3,1	1,053	9,1	3,490	15,1	6,560	21,1	10,438	27,1	15,009
3,2	1,089	9,2	3,536	15,2	6,617	21,2	10,512	27,2	15,095
3,3	1,125	9,3	3,582	15,3	6,674	21,3	10,586	27,3	15,182
3,4	1,161	9,4	3,628	15,4	6,731	21,4	10,660	27,4	15,270
3,5	1,198	9,5	3,674	15,5	6,788	21,5	10,734	27,5	15,359
3,6	1,235	9,6	3,720	15,6	6,846	21,6	10,808	27,6	15,449
3,7	1,272	9,7	3,766	15,7	6,904	21,7	10,882	27,7	15,540
3,8	1,309	9,8	3,813	15,8	6,962	21,8	10,956	27,8	15,632
3,9	1,346	9,9	3,860	15,9	7,020	21,9	11,030	27,9	15,725
4,0	1,383	10,0	3,907	16,0	7,078	22,0	11,104	28,0	15,821
4,1	1,420	10,1	3,954	16,1	7,136	22,1	11,178	28,1	15,919
4,2	1,458	10,2	4,001	16,2	7,194	22,2	11,253	28,2	16,018
4,3	1,496	10,3	4,048	16,3	7,252	22,3	11,327	28,3	16,119
4,4	1,534	10,4	4,096	16,4	7,310	22,4	11,402	28,4	16,222
4,5	1,572	10,5	4,144	16,5	7,368	22,5	11,476	28,5	16,326
4,6	1,610	10,6	4,192	16,6	7,426	22,6	11,551	28,6	16,432
4,7	1,648	10,7	4,240	16,7	7,485	22,7	11,625	28,7	16,540
4,8	1,686	10,8	4,289	16,8	7,544	22,8	11,700	28,8	16,650
4,9	1,723	10,9	4,338	16,9	7,603	22,9	11,775	28,9	16,760
5,0	1,761	11,0	4,387	17,0	7,662	23,0	11,850	29,0	16,871
5,1	1,803	11,1	4,436	17,1	7,721	23,1	11,925	29,1	16,982
5,2	1,842	11,2	4,485	17,2	7,780	23,2	12,000	29,2	17,095
5,3	1,881	11,3	4,535	17,3	7,839	23,3	12,075	29,3	17,208
5,4	1,920	11,4	4,585	17,4	7,898	23,4	12,150	29,4	17,320
5,5	1,960	11,5	4,635	17,5	7,957	23,5	12,225	29,5	17,432
5,6	2,000	11,6	4,685	17,6	8,017	23,6	12,300	29,6	17,544
5,7	2,040	11,7	4,735	17,7	8,077	23,7	12,375	29,7	17,656
5,8	2,080	11,8	4,785	17,8	8,139	23,8	12,450	29,8	17,769
5,9	2,120	11,9	4,835	17,9	8,201	23,9	12,525	29,9	17,882
6,0	2,160	12,0	4,886	18,0	8,263	24,0	12,601	30,0	17,996

Nous avons arrêté ce tableau à la rampe de 3o millimètres, qui est à peu près la rampe maxima qui existe aujourd'hui sur les chemins de fer français à voie de 1ᵐ,44
de largeur. Dans le cas où il s'agirait de calculer la longueur virtuelle relative à la résistance de lignes ayant des
rampes supérieures à 3o millimètres, il suffirait de se reporter à l'expression de α donnée par la formule (8).

---

§ 10. — Valeurs de β correspondant à des rayons de 100 à 7.000 mètres.

On a vu que la détermination de l'expression de β, qui
entre dans la valeur de la longueur virtuelle totale de
l'équation (13), a eu lieu en s'appuyant sur les formules
allemande et anglaise. Afin de calculer les diverses valeurs
de β correspondant à des rayons variables, nous avons
commencé par établir un tableau comparatif des résultats
de toutes les expériences importantes faites jusqu'aujour-
d'hui sur la résistance des courbes, par les ingénieurs ayant
étudié la question dans les divers pays. Dans ce but, nous
avons commencé par construire les deux hyperboles

$$R_r = 914,$$

et
$$R_r = 760.$$

qui, pour une valeur du rayon r, donnent la résistance
correspondante sur la courbe. Ces deux hyperboles sont
asymptotes aux deux axes de coordonnées et représentent
graphiquement la formule anglaise et la formule allemande.
Les rayons r sont portés sur l'axe des x, et les résistances R
sur l'axe des y.

Nous avons construit de même la courbe graphique qui
correspond aux résistances ou aux rampes équivalentes indiquées par M. Boedecker (voir l'annexe B, sur les formules
de la résistance dans les courbes). On a construit égale-

5

ment une courbe de la forme $xy = K$ passant par les points correspondant aux expériences de M. Forquenot, mentionnées dans l'annexe B.

La ligne représentative des résistances dans les courbes doit, en effet, avoir la forme d'une hyperbole, et être asymptote aux deux axes de coordonnées, puisque, pour un rayon infini, la résistance due à la courbe est nulle, et que, pour un rayon nul, la résistance doit être infinie. L'équation d'une hyperbole de la forme

$$xy = c.$$

représente donc bien l'allure générale de la courbe des résistances dues aux courbes de la voie.

De même, nous avons représenté graphiquement les résultats d'expériences sur la résistance des courbes de MM. Vuillemin, Guébhard et Dieudonné, ainsi que ceux trouvés par C. Polonceau.

On a consigné dans le tableau qui suit toutes les ordonnées de ces diverses courbes correspondant à un rayon déterminé; puis on a pris l'ordonnée moyenne relative à chaque valeur du rayon, et c'est cette ordonnée moyenne, ou plutôt cette courbe moyenne entre toutes celles que nous avons tracées, qui a servi au calcul des valeurs de β mentionnées dans un second tableau. Le rayon minimum adopté est de 100 mètres; de 100 à 1000 mètres, les rayons du tableau suivant varient de 50 en 50 mètres. Au delà de 1000 mètres, les rayons sont différents de 100 mètres. Enfin, au delà de 2000 mètres, deux rayons consécutifs diffèrent de 500 mètres. Le rayon maximum est de 5000 mètres.

Les chiffres figurant dans ce tableau représentent indifféremment, soit des millimètres de rampe, soit des kilogrammes de résistance.

RAYON.	POLON-CEAU.	VUILLE-MIN.	PORQUE-NOT.	FORMULE anglaise.	FORMULE allemande.	BOEDEC-KER.	TOTAL.	RAMPE moyenne.
mètres.								
100	5,25	3,25	»	9,14	7,60	»	25,24	6,31
150	4,87	3,15	»	6,10	5,06	»	19,16	4,79
200	4,53	3,00	»	4,57	3,80	»	15,90	3,97
250	4,20	2,87	»	3,65	3,04	»	13,76	3,44
300	3,90	2,75	3,90	3,04	2,50	2,60	18,09	3,01
350	3,57	2,63	2,87	2,61	2,17	2,19	16,04	2,67
400	3,30	2,50	2,17	2,28	1,90	1,90	14.05	2,34
450	3,00	2,37	1,73	2,03	1,69	1,67	12,49	2,08
500	2,75	2,25	1,40	1,85	1,51	1,33	11,09	1,85
550	2,50	2,23	1,21	1,66	1,38	1,20	10,18	1,69
600	2,27	2,00	1,03	1,52	1,26	1,12	9,20	1,53
650	2,03	1,87	0,86	1,40	1,17	0,89	8,22	1,37
700	1,83	1,75	0,73	1,31	1,08	0,83	7,53	1,26
750	1,62	1,63	0,62	1,22	1,00	0,77	6,86	1,14
800	1,42	1,50	0,53	1,14	0,95	0,72	6,26	1,04
850	1,25	1,37	0,47	1,07	0,89	0,68	5,73	0,955
900	1,07	1,25	0,42	1,01	0,84	0,64	5,23	0,87
950	0,92	1,12	0,36	0,96	0,80	0,51	4,67	0,778
1000	0,75	1,00	0,32	0,914	0,76	0,38	4,124	0,687
1100	0,47	0,75	0,25	0,83	0,69	0,37	3,36	0,56
1200	0,25	0,50	0,18	0,76	0,63	0,37	2,69	0,45
1300	0,06	0,25	0,13	0,70	0,58	0,36	2,08	0,35
1400	»	»	0,09	0,65	0,54	0,35	1,63	0,27
1500	»	»	0,05	0,61	0,506	0,31	1,476	0,246
1600	»	»	0,03	0,57	0,47	0,28	1,35	0,225
1700	»	»	0,02	0,53	0,446	0,27	1,266	0,211
1800	»	»	0,01	0,50	0,42	0,27	1,20	0,20
1900	»	»	»	0,48	0,40	0,26	1,14	0,19
2000	»	»	»	0,457	0,38	0,26	1,097	0,183
2500	»	»	»	0,365	0,304	0,19	0,859	0,143
3000	»	»	»	0,304	0,253	0,145	0,702	0,117
3500	»	»	»	0,261	0,217	0,113	0,591	0,098
4000	»	»	»	0,228	0,19	0,081	0,499	0,083
4500	»	»	»	0,203	0,17	0,063	0,436	0,072
5000	»	»	»	0,185	0,151	0,045	0,381	0,063

Il y a, comme on le voit, des écarts assez considérables entre les résultats obtenus par les divers expérimentateurs. Ces écarts n'ont rien de surprenant; car l'influence des conditions atmosphériques, celle de la direction et de l'intensité du vent, de la nature des rails, du diamètre des fusées et d'un grand nombre d'autres facteurs, variables d'une expérience à l'autre, est telle, que les écarts en question sont très admissibles.

Il en résulte que, pour obtenir la résistance moyenne due à une courbe, il est nécessaire d'avoir un grand nombre de résultats d'expériences correspondants aux diverses conditions variables dans lesquelles ces résultats sont obtenus.

Les résultats moyens contenus dans la dernière colonne du tableau sont, pour les courbes de 250 à 800 mètres de rayon, à peu près égaux à ceux qui découlent de la formule anglaise et de la formule allemande, ou sont compris entre les résultats indiqués par ces deux formules; ils sont, au contraire, inférieurs aux résultats de ces deux dernières formules pour toutes les courbes de rayon inférieur à 250 mètres ou supérieur à 800 mètres.

On obtiendra les valeurs de β correspondant à des rayons variables, en prenant la rampe moyenne indiquée pour chaque rayon dans la dernière colonne du précédent tableau, et en cherchant dans le tableau des valeurs de α (voir page 64) quelle est la valeur de α qui répond à cette rampe moyenne.

Nous donnons, à la page suivante, le tableau des valeurs de β, depuis le rayon de 100 mètres jusqu'au rayon de 7000 mètres; au delà de 7000 mètres β est nul. Le tableau suivant indique, pour les rayons de 200 à 1000 mètres, les résultats comparatifs déduits de la formule (12) que nous avons trouvée plus haut pour l'expression de β, et ceux indiqués dans le tableau de la page suivante.

RAYON.	VALEUR DE β tirée de la formule (12).	VALEUR DE β déduite des résultats de l'expérience.
mètres.		
200	1,452	1,370
300	0,941	1,017
400	0,700	0,783
500	0,553	0,613
600	0,460	0,504
700	0,391	0,410
800	0,341	0,340
900	0,302	0,282
1000	0,271	0,224

Les chiffres de ce tableau diffèrent peu entre eux, et se rapportent aux courbes les plus usuelles.

Tableau des valeurs de β.

RAYON des courbes.	RAMPE équivalente.	VALEURS de β.	RAYON des courbes.	RAMPE équivalente.	VALEURS de β.	RAYON des courbes.	RAMPE équivalente.	VALEURS de β.
mèt.	millim.		mèt.	millim.		mèt.	millim.	
100	6,31	2,284	710	1,23	0,402	1640	0,219	0,070
110	5,85	2,100	720	1,21	0,396	1660	0,216	0,069
120	5,55	1,980	730	1,18	0,389	1680	0,213	0,068
130	5,25	1,862	740	1,16	0,381	1700	0,211	0,067
140	5,00	1,764	750	1,14	0,374	1720	0,208	0,067
150	4,79	1,684	760	1,12	0,367	1740	0,206	0,066
160	4,59	1,606	770	1,10	0,360	1760	0,204	0 065
170	4,40	1,534	780	1,08	0,353	1780	0,202	0,064
180	4,24	1,472	790	1,06	0,346	1800	0,200	0,064
190	4,10	1,420	800	1,04	0,340	1820	0,198	0,063
200	3,97	1,370	810	1,02	0,334	1840	0,196	0,063
210	3,84	1,324	820	1,00	0,327	1860	0,194	0,062
220	3,72	1,279	830	0,985	0,321	1880	0,192	0,062
230	3,60	1,235	840	0,970	0,316	1900	0,190	0,061
240	3,52	1,205	850	0,955	0,310	1920	0,1885	0,060
250	3,44	1,176	860	0,930	0,304	1940	0,1870	0,060
260	3,34	1,140	870	0,915	0,299	1960	0,1860	0,059
270	3,25	1,106	880	0,900	0,294	1980	0,1845	0,058
280	3,17	1,078	890	0,885	0,288	2000	0,1830	0,058
290	3,08	1,049	900	0,870	0,282	2050	0,178	0,0574
300	3,01	1,017	910	0,850	0,277	2100	0,173	0,0558
310	2,92	0,988	920	0,835	0,270	2150	0,168	0,0542
320	2,85	0,960	930	0,810	0,264	2200	0,164	0,0526
330	2,78	0,938	940	0,795	0,258	2250	0,160	0,0510
340	2,72	0,916	950	0,780	0,252	2300	0,156	0,0500
350	2,66	0,894	960	0,760	0,247	2350	0,152	0,0490
360	2,60	0,874	970	0,745	0,241	2400	0,149	0,0480
370	2,52	0,851	980	0,730	0,236	2450	0,146	0,0470
380	2,46	0,827	990	0,710	0,231	2500	0,143	0,0460
390	2,40	0,804	1000	0,69	0,224	2550	0,140	0,0450
400	2,34	0,783	1020	0,66	0,214	2600	0,137	0,0439
410	2,28	0,762	1040	0,625	0,204	2650	0,134	0,0428
420	2,23	0,744	1060	0,60	0,195	2700	0,1315	0,0419
430	2,18	0,727	1080	0,58	0,186	2750	0,1290	0,0411
440	2,13	0,709	1100	0,56	0,178	2800	0,1265	0,0403
450	2,08	0,692	1120	0,535	0,171	2850	0,1240	0,0396
460	2,03	0,674	1140	0,51	0,165	2900	0,1215	0,0388
470	1,98	0,657	1160	0,49	0,158	2950	0,1190	0,0382
480	1,94	0,644	1180	0,47	0,151	3000	0,1170	0,0376
490	1,89	0,627	1200	0,45	0,144	3100	0,1125	0,0360
500	1,85	0,613	1220	0,43	0,138	3200	0,108	0,0334
510	1,81	0,599	1240	0,41	0,132	3300	0,104	0,0333
520	1,78	0,588	1260	0,39	0,125	3400	0,101	0,0326
530	1,75	0,577	1280	0,37	0,118	3500	0,098	0,0317
540	1,72	0,566	1300	0,35	0,112	3600	0,095	0,0309
550	1,69	0,555	1320	0,33	0,106	3700	0,092	0,0300
560	1,66	0,545	1340	0,315	0,101	3800	0,089	0,0291
570	1,62	0,535	1360	0,300	0,096	3900	0,086	0,0282
580	1,59	0,525	1380	0,285	0,092	4000	0,083	0,0272
590	1,56	0,514	1400	0,270	0,089	4100	0,080	0,0263
600	1,53	0,504	1420	0,268	0,086	4200	0,078	0,0255
610	1,49	0,493	1440	0,260	0,083	4300	0,076	0,0247
620	1,46	0,482	1460	0,255	0,082	4400	0,074	0,0240
630	1,43	0,471	1480	0,350	0,080	4500	0,072	0,0234
640	1,40	0,460	1500	0,245	0,079	4600	0,070	0,0228
650	1,37	0,451	1520	0,240	0,077	4700	0,068	0,0222
660	1,34	0,443	1540	0,236	0,076	4800	0,066	0,0217
670	1,32	0,434	1560	0,232	0,075	4900	0,0645	0,0208
680	1,30	0,426	1580	0,228	0,073	5000	0,063	0,0200
690	1,28	0,418	1600	0,225	0,072	6000	0,036	0,0117
700	1,26	0,410	1620	0,222	0,071	7000	0,012	0,0038

CHAPITRE III.

APPLICATION DE LA MÉTHODE A DIVERSES LIGNES DE CHEMINS DE FER.

---

§ 11. — Règles à suivre dans l'application de la méthode.

On supposera que le trafic sur une ligne AB dont on veut évaluer la longueur virtuelle est le même dans les deux sens. Cela revient à dire qu'il faut tenir un compte égal des difficultés de la ligne qu'on circule dans le sens de A vers B, ou dans celui de B vers A. Si l'égalité du trafic dans les deux sens n'existait pas, il faudrait, pour obtenir la longueur virtuelle moyenne d'une ligne, affecter la longueur virtuelle dans les deux sens d'un coefficient proportionnel au trafic.

On a fait abstraction de la nature du trafic, car c'est là un élément dont il est difficile de tenir compte dans les calculs.

L'égalité de trafic dans les deux sens étant admise, il suffit, pour obtenir la longueur virtuelle d'une ligne, de prendre la moyenne arithmétique entre les deux longueurs virtuelles obtenues en cheminant dans les deux sens (*).

Soit L la longueur totale de la ligne AB, dont la voie a $1^m,44$ de largeur. En allant de A vers B, on a :

(*) Si les courants du trafic étaient différents dans les deux sens, il faudrait tenir compte de cette différence. Soient a et b deux nombres tels que $a + b = 2$, et qui sont proportionnels, l'un à l'intensité du trafic de A vers B, et l'autre à celle du trafic de B vers A. L'expression de l'allongement de longueur dû aux rampes et pentes, contenue dans la valeur de L_v deviendrait alors

$$\frac{1}{2}(a\alpha l_1 + b\alpha' l_1).$$

l_0 la longueur des sections en alignement droit et de niveau ;

l_1 la longueur des sections en rampe ;

l_i celle des sections en pente ;

l_c la longueur des sections en courbes.

La longueur totale de la ligne prendra la forme :

$$L = l_0 + l_1 + l_i.$$

L'expression de la longueur virtuelle dans le sens AB
sera :

$$l_0 + l_1(1 + \alpha) + l_i + \beta l_c.$$

Dans le sens BA, on aura au contraire :

$$l_0 + l_1 + l_i(1 + \alpha') + \beta l_c.$$

Ces deux expressions de la longueur virtuelle dans le sens
AB et dans le sens BA ont été établies en admettant que la
longueur virtuelle d'une section en pente soit égale à celle
d'une section de même longueur en palier. Nous justifierons
plus loin cette hypothèse.

La longueur virtuelle moyenne cherchée L_v sera exprimée par

$$2L_v = 2l_0 + 2l_1 + 2l_i + 2\beta l_c + \alpha l_1 + \alpha' l_i ;$$

ce qui donne

$$L_v = L + \beta l_c + \frac{1}{2}(\alpha l_1 + \alpha' l_i). \qquad (14)$$

L'équation (14) traduite en langage ordinaire permet
de dire :

*On obtient la longueur virtuelle relative à la résistance
d'une ligne de chemin de fer en ajoutant à la longueur réelle
de la ligne :*

1° *L'accroissement de la longueur dû à la résistance des
courbes ;*

2° *La demi-somme des allongements de longueur dus aux pentes et aux rampes, en assimilant les pentes aux rampes pour le calcul des résistances.*

Cette expression de la longueur virtuelle totale d'une ligne peut être obtenue très facilement à l'aide des tableaux des valeurs de α et de β. Mais avant de passer à une application numérique, il reste à justifier l'hypothèse admise plus haut de l'équivalence approximative de la longueur virtuelle d'une section en pente, avec celle d'une section horizontale de même longueur. Cette hypothèse, nous commencerons par le dire, n'est pas conforme à la théorie. La résistance par tonne de trains de marchandises, sur une pente I, est égale à

$$2 + 0{,}05\,V - I.$$

Si $V = 25$ kilomètres, on aura la valeur de I pour laquelle la résistance est nulle en égalant à zéro cette expression,

$$2 + 0{,}05\,V - I = 0,$$
$$I = 3{,}25.$$

Si la pente est supérieure à $3^{mm},25$, elle n'opposera plus de résistance au train, et la théorie indiquerait, dans ce cas, une longueur virtuelle négative. Il serait pourtant inexact d'additionner les longueurs virtuelles positives des rampes avec les longueurs virtuelles négatives des pentes, et d'appliquer rigoureusement les formules mathématiques. Cela reviendrait à supposer que le travail développé par la pesanteur, à la descente, vient en déduction du travail à développer à la montée, ce qui n'a pas lieu, la vitesse restant à peu près constante.

De toutes les méthodes admises pour le calcul de la longueur virtuelle des pentes, la méthode des ingénieurs anglais de 1838, nous paraît, à ce point de vue, se rapprocher le plus de l'expression de la vérité. Or, si l'on se reporte au tableau du § 3, alinéa *a*, on verra que, sur les très faibles pentes, la longueur virtuelle descend depuis la valeur 1 sur un palier, jusqu'à la valeur 0,83 sur les pentes de 2 à 6 millimètres et redevient égale à 1 sur les pentes d'une inclinaison supérieure à 7 millimètres.

Nous simplifierons ces indications de la formule anglaise, en admettant constamment l'équivalence entre la longueur virtuelle d'une pente et celle d'une section horizontale de même longueur.

Pour faire comprendre les motifs qui nous ont porté à admettre cette hypothèse, nous invoquerons des considérations d'exploitation pratique. Car ce que nous voulons, et nous insistons sur ce point, ce n'est pas une formule de théorie pure à l'abri de toute critique mathématique, mais une méthode pratique de calcul des longueurs virtuelles, et répondant au but que nous nous sommes proposé dans l'exposé de cette étude.

L'effort tangentiel exercé sur les rails par les essieux moteurs est moindre à la descente d'une pente faible que sur un palier. Lorsque la pente augmente, l'effort tangentiel devient nul. Mais si l'on considère la dépense d'exploitation entraînée par la circulation des trains, c'est-à-dire les dépenses de transport, il est facile de voir qu'elle ne suit pas la même loi de décroissance. L'analyse des principaux éléments de ces dépenses établira clairement cette différence.

Les dépenses du personnel des machines et des trains sont les mêmes sur un palier que sur une pente faible. Sur une pente forte, il faudra un personnel supérieur, un plus grand nombre de serre-freins que sur un palier.

Les dépenses de combustible sont plus faibles à la descente que sur une section de niveau. La différence est, en général, très sensible; quelques ingénieurs de traction estiment que la consommation de charbon à la descente des pentes est légèrement supérieure à celle d'une machine en stationnement. Néanmoins le mécanicien ne peut pas fermer entièrement le régulateur à la descente, sans danger d'amener une usure rapide des surfaces frottantes du cylindre qui ne sont plus baignées par la vapeur, sans danger de détériorer le mécanisme par le fait des cendres aspirées dans la boîte à fumée. Aussi, suivant l'importance de la pente, il est de règle, au service de la traction de quelques compagnies, de tenir le régulateur ouvert, et de mettre le levier de change-ment de marche au premier ou au second cran de la marche en avant ou en arrière.

M. de Freycinet, dans son étude sur les pentes écono-miques, admet que les dépenses de graissage, d'éclairage, de réparation des machines gardent sur une pente les mêmes valeurs que dans la circulation horizontale, et que la différence entre la consommation de houille d'une ma-chine circulant à vide sur une ligne horizontale, et sa con-sommation à la descente des fortes rampes est égale en-viron au quart de la consommation à vide.

L'entretien de la voie et l'usure de rails provenant de la circulation des véhicules sont les mêmes en palier que sur une pente faible. Sur une forte pente, l'usure de la voie ainsi que celle des bandages sera plus grande que sur une section de niveau, par suite de l'emploi fréquent des freins et de l'augmentation du nombre de ces freins. Il y a une question de sécurité en jeu.

L'usure des rails due à la circulation des machines est inférieure à la descente d'une pente à l'usure en palier. L'effort tangentiel exercé sur les rails par les essieux mo-teurs diminue jusqu'à devenir nul à mesure que l'incli-naison de la pente augmente. L'augmentation d'usure de la voie et des bandages des roues, due aux freins des véhi-cules et de la machine, vient compenser, en partie, cette diminution de l'usure des rails provenant de l'action plus faible des roues motrices de la locomotive.

Quant aux autres dépenses d'exploitation se rapportant à la circulation des trains, elles sont les mêmes que le train soit en marche sur un palier ou qu'il descende une pente.

D'après ce qui vient d'être dit, on peut conclure :

1° Que les dépenses de transport sur des pentes inférieures à 5 ou 6 millimètres sont à peu près égales à celles sur un palier ;

2° Que sur les pentes d'une inclinaison supérieure à 6 millimètres, on peut admettre que les dépenses de transport sont peu différentes de celles faites sur une section de niveau.

On est en droit de déduire de là l'équivalence entre la longueur virtuelle relative aux dépenses de transport sur une pente, et la longueur virtuelle d'une section de niveau de même longueur. En nous appuyant sur les résultats obtenus par les ingénieurs anglais, nous étendons cette équivalence de la longueur virtuelle relative aux dépenses de transport sur les paliers et sur les pentes, à la longueur virtuelle relative au travail développé. Ce n'est là, il est vrai, qu'une approximation ; mais cette méthode approximative est supérieure, à notre avis, à celle qui prendrait pour règle de laisser entièrement de côté les pentes inclinées à plus de $3^{mill.},25$ dans le calcul des longueurs virtuelles, lorsqu'on veut comparer entre eux divers tracés de chemins de fer (*).

---

§ 12. — Calcul de la longueur virtuelle des lignes de Bourges à Montluçon, — de Montluçon à Saint-Sulpice-Laurière et à Aubusson, — de Toulouse à Lexos et à Albi.

L'application de la règle indiquée plus haut conduit au calcul :

1° de l'allongement de longueur virtuelle dû aux courbes ;

(*) Nous renvoyons à l'expression de α donnée par l'équation (6), tous ceux qui voudraient tenir compte des longueurs virtuelles négatives des pentes. Il suffira dans l'équation (6) de prendre les signes inférieurs des termes précédés des signes ± ou ∓. Les signes inférieurs correspondent à la pente I.

2° de l'allongement de longueur virtuelle provenant des rampes;

3° de l'accroissement de longueur virtuelle dû à la résistance des pentes assimilées aux rampes.

1° *Influence des courbes.* — Nous donnons dans le tableau suivant, les rayons des courbes de la ligne de Bourges à Montluçon (nouveau réseau), leur développement l_c, la valeur du coefficient β correspondant à chaque rayon, et enfin l'allongement de longueur virtuelle βl_c, dû à la résistance des courbes.

RAYON des courbes.	DÉVELOPPEMENT des courbes l_c.	VALEURS DE β.	ALLONGEMENT de longueur virtuelle βl_c.
mètres.	mètres.		mètres.
400	617	0,783	483,1
500	11.569	0,613	7092,7
550	1.350	0,555	749,2
600	1.347	0,504	678,9
650	534	0,451	240,8
700	2.770	0,410	1135,7
800	6.783	0,340	2306,2
850	269	0,310	83,4
900	1.322	0,282	372,8
1000	9.946	0,224	2228,9
1200	640	0,144	92,2
1300	1.240	0,112	138,9
1350	75	0,098	7,3
1400	1.334	0,089	118,7
1500	6.342	0,079	501,0
1550	1.622	0,076	123,3
1600	1.349	0,072	97,1
1650	1.992	0,069	137,4
2000	1.244	0,058	72,2
2200	597	0,0526	31,4
Total.			16691,2

L'allongement de longueur virtuelle dû à la raideur des courbes atteint 16^k.691 sur toute la longueur de la ligne de Bourges à Montluçon.

2° *Influence des rampes.* — Le calcul de l'influence des rampes se fait comme il est indiqué dans le tableau ci-après; on a désigné par l_1, la longueur des rampes; une rampe d'un développement l_1, correspondant à un coefficient α, donnera lieu à un accroissement de longueur virtuelle due à la résistance de la rampe, représenté par αl_1.

INCLINAISON des rampes.	LONGUEUR des rampes l_1.	VALEURS DE α.	ACCROISSEMENT de longueur virtuelle αl_1.
millimètres.	mètres.		mètres.
0,5	3.700	0,162	599,4
0,6	2.000	0,195	390,0
0,9	2.000	0,294	588,0
1,0	11.500	0,327	3.760,5
1,2	3.060	0,393	1.202,6
1,3	2.050	0,426	873,3
1,5	1.000	0,494	494,0
1,83	900	0,603	542,7
2,0	8.450	0,664	5.610,8
2,5	450	0,839	377,5
2,8	250	0,945	223,7
3,0	2.950	1,017	3.000,1
4,0	1.900	1,383	2.627,7
5,0	17.600	1,764	31.046,4
8,0	400	3,000	1.200,0
9,0	950	3,445	3.272,7
		Total.	55.809,4

L'allongement de longueur virtuelle dû aux rampes de la ligne de Bourges à Montluçon est de 55^k.809.

5° *Influence des pentes.* — Cette influence est consignée dans le tableau suivant :

INCLINAISON des pentes.	LONGUEUR des pentes l_i.	VALEURS DE α'.	ALLONGEMENT de longueur virtuelle $\alpha' l_i$.
millmètres.	mètres.		mètres.
1,5	600	0,494	296,4
4,0	1500	1,383	2.074,5
5,0	8850	1,764	15.611,4
		Total.	17.982,3

L'accroissement de longueur virtuelle dû aux pentes est sur toute la ligne de Bourges à Montluçon de 17^k.982.

Longueur virtuelle totale. — Avec les éléments de la longueur virtuelle de la ligne de Bourges à Montluçon calculés précédemment, on obtient la longueur virtuelle totale en appliquant la règle que nous avons formulée.

kilom.

Longueur réelle de la ligne.	101,700
Influence des courbes.	16,691
Demi-somme des influences des rampes et des pentes.	36,896
Longueur virtuelle totale.	155,287

La longueur virtuelle de la ligne de Bourges à Montluçon est de 155^k,287.

Ligne de Toulouse à Lexos et à Albi. — Le calcul de la longueur virtuelle totale de cette ligne a été fait d'après la même règle. On ne donnera que les résultats définitifs de ce calcul :

kilom.

Longueur réelle de la ligne.	105,516
Influence des courbes.	15,897
Demi-somme des influences des rampes et des pentes.	100,927
Total.	222,340

La longueur virtuelle de la ligne de Toulouse à Lexos et à Albi est de 222^k,340.

Ligne de Montluçon à Saint-Sulpice-Laurière et à Aubusson. — On indiquera encore les résultats de la recherche de la longueur virtuelle de cette ligne.

kilom.

Longueur réelle de la ligne.	146,337
Influence des courbes.	43,808
Demi-somme des influences des rampes et des pentes.	266.484
Total.	456,629

La longueur virtuelle de la ligne de Montluçon à Saint-Sulpice-Laurière et à Aubusson est de 456^k,629.

Dans le chapitre suivant, nous dirons, à l'occasion de la détermination du prix de revient de la tonne kilométrique, pourquoi notre choix s'est porté sur les trois lignes dont on vient d'établir la longueur virtuelle.

§ 13. — Coefficient virtuel. — Moyenne des rampes et pentes.

On désignera sous le nom de *coefficient virtuel*, le rapport de la longueur virtuelle d'une ligne à la longueur réelle de cette ligne.

Les coefficients virtuels des trois lignes étudiées seront :

Bourges à Montluçon. 1,526
Toulouse à Lexos et à Albi. 2,107
Montluçon à Saint-Sulpice 3,120

Ce coefficient représente la résistance moyenne par kilomètre de chacune des trois lignes. *Il peut donc servir de mesure au travail mécanique moyen à développer, par kilomètre et par tonne de poids brut circulant sur ces lignes.*

La moyenne des rampes d'une ligne est la rampe fictive obtenue en admettant que toutes les sections en rampe d'une ligne aient une inclinaison constante et telle que la hauteur franchie par la rampe fictive soit égale à celle gravie effectivement par les rampes de la ligne. On aura cette rampe moyenne en divisant la somme des hauteurs franchies en rampe par le développement total des sections en rampe. On arrivera de même à la pente moyenne en divisant la somme des hauteurs descendues en pente, par le développement de ces pentes.

On obtiendra sur les trois lignes étudiées les valeurs suivantes de la rampe et de la pente moyennes :

	Rampe moyenne.	Pente moyenne.
Bourges à Montluçon.	2,73	4,68
Toulouse à Lexos et à Albi. . .	5,74	8,20
Montluçon à Saint-Sulpice. . .	10,71	10,72

Introduisons ces rampes et ces pentes moyennes dans le calcul de la longueur virtuelle des trois lignes : on n'aura plus alors qu'une longueur virtuelle approximative, mais qu'on obtiendra beaucoup plus rapidement que la longueur virtuelle exacte. Il suffira, en effet, de chercher dans le tableau, page 518, les valeurs du coefficient α correspondantes à la rampe moyenne et à la pente moyenne d'une ligne, à multiplier les deux chiffres ainsi trouvés, le premier par la longueur des sections en rampe, le second par la longueur des sections en pente, et à additionner les produits ainsi obtenus. La moitié de la somme sera l'allongement de longueur virtuelle due aux rampes.

Les longueurs virtuelles approximatives calculées de cette manière :

	Ligne de Bourges à Montluçon. kilom.	Ligne de Toulouse à Lexos et à Albi. kilom.	Ligne de Montluçon à Saint-Sulpice-Laurière. kilom.
Longueur réelle de la ligne.	101,700	105,516	146,337
Influence des courbes.	16,691	15,897	45,808
Influence des rampes et pentes (demi-somme).	36,001	96.158	260,967
Longueurs virtuelles.	154.392	217.571	451.112

Si l'on compare ces résultats approximatifs avec les longueurs virtuelles calculées rigoureusement, on s'aperçoit que les différences sont faibles ; la longueur virtuelle approximative obtenue à l'aide de la rampe et de la pente moyenne est toujours inférieure à la longueur virtuelle calculée exactement. Le tableau suivant indique les deux longueurs virtuelles de chaque ligne :

	Longueur virtuelle calculée exactement. kilom.	Longueur virtuelle approximative. kilom.
Bourges à Montluçon	153,5	154,4
Toulouse à Lexos et à Albi.	222,3	217,6
Montluçon à Saint-Sulpice-Laurière et à Aubusson.	456,6	451,1

De même, si l'on cherche le coefficient virtuel approximatif, et si on le compare au coefficient virtuel calculé exactement, on arrive aux chiffres suivants, très peu différents les uns des autres :

	Coefficient virtuel exact.	Coefficient virtuel approximatif.
Bourges à Montluçon.	1,526	1,518
Toulouse à Lexos et à Albi.	2,107	2,062
Montluçon à Saint-Sulpice et à Aubusson	3,120	3,083

La faible différence qui existe entre les chiffres calculés exactement et ceux déterminés par la méthode approximative de la pente et de la rampe moyenne permet, sans grande erreur, de substituer au calcul exact, mais quelquefois très long (si le profil est très accidenté), de l'accroissement de longueur virtuelle dû aux rampes et pentes, le calcul approximatif de l'allongement de parcours virtuel correspondant à la rampe et à la pente moyenne. Néanmoins, à mesure que l'inclinaison des pentes et rampes devient plus forte, la différence entre la méthode exacte et la méthode approximative s'accentue de plus en plus. Lorsque les rampes d'un profil en long dépassent 20 millimètres, il convient, croyons-nous, de renoncer à la méthode approximative.

CHAPITRE IV.

RELATION ENTRE LA DÉPENSE D'EXPLOITATION ET LA LONGUEUR
VIRTUELLE OU LE COEFFICIENT VIRTUEL.

§ 14. — Calcul des dépenses d'exploitation par tonne et kilomètre sur les lignes de Bourges à Montluçon, — de Toulouse à Lexos et à Albi, — de Montluçon à Saint-Sulpice-Laurière et à Aubusson.

Choix des lignes. — L'évaluation du prix de revient du transport d'une tonne à 1 kilomètre aura lieu, pour chacune des trois lignes de

Bourges à Montluçon,

Toulouse à Lexos et à Albi,

Montluçon à Saint-Supice-Laurière et à Aubusson, dont on a déjà calculé les longueurs virtuelles.

Dans le choix de ces trois lignes, on s'est laissé guider par les considérations suivantes :

1° Situation analogue des lignes au point de vue de l'organisation des services de l'exploitation; les trois lignes en question appartiennent au nouveau réseau de la compagnie d'Orléans;

2° Intensité du trafic identique sur ces lignes; le trafic sur les trois lignes étudiées a donné des recettes, par kilomètre, qui diffèrent peu d'une ligne à l'autre, dans les années antérieures à 1876. En particulier, en 1875, la recette kilométrique (*) s'élève :

	fr.
Bourges à Montluçon.	21.135
Toulouse à Lexos et à Albi.	21.369
Montluçon à Saint-Sulpice.	21.450

(*) Tous les chiffres que nous indiquerons sur les résultats de l'exploitation des trois lignes en question, ou sur ceux du nouveau réseau de la compagnie d'Orléans sont extraits, soit du tableau

3° Conditions différentes de ces lignes au point de vue du profil en long. La ligne de Bourges à Montluçon a un profil facile. Ses courbes les plus raides sont de 500 mètres de rayon ; elle peut être considérée comme une ligne dont les rampes ne dépassent pas 5 millimètres.

Le tracé de la ligne de Toulouse à Lexos et à Albi est de beaucoup plus difficile que celui de la ligne de Bourges à Montluçon. Il contient des rampes de $12^{mm},5$ sur des parcours assez longs ; il n'a pas de rampe supérieure à $12^{mm},5$. Le rayon des courbes descend jusqu'à 350 mètres.

La ligne de Montluçon à Saint-Sulpice-Laurière et à Aubusson a le profil en long le plus difficile des trois lignes étudiées. Elle a des courbes de 300 mètres de rayon et des rampes qui atteignent 15 millimètres.

Les trois lignes choisies ont, pendant les années 1872, 1873, 1874, 1875, des recettes kilométriques à peu près identiques ; mais les dépenses d'exploitation, par suite de la différence des profils en long, sont loin d'être les mêmes sur les trois lignes. L'analyse des résultats de l'exploitation de ces lignes montrera, d'une façon approximative, l'influence du profil en long sur la dépense d'exploitation par tonne et par kilomètre.

Méthode de calcul du prix de revient approximatif. — Le calcul du prix de revient par tonne kilométrique de marchandises sera effectué pour la période de 1872 à 1875 ; pendant cette période, les recettes kilométriques sur les trois lignes sont chaque année à peu près les mêmes.

Nous donnons ci-après le tableau des recettes kilométriques, ainsi que la longueur de chacune des trois lignes :

---

n° 15, série G, de la statistique du ministère des travaux publics, soit des comptes rendus aux actionnaires de la compagnie d'Orléans.

SECTIONS.	LONGUEUR.	RECETTES KILOMÉTRIQUES.			
		1872	1873	1874	1875
	kilomètres.	francs.	francs.	francs.	francs.
Bourges à Montluçon. . . .	100	20.226	19.604	20.232	21.135
Toulouse à Lexos et à Albi.	106	18.133	19.299	19.854	21.369
Montluçon à Saint-Sulpice.	146	19.334	21.369	20.557	21.450

Les dépenses kilométriques des trois lignes sont, au contraire, différentes les unes des autres. Nous les indiquons ci-après, pour la période de 1872 à 1875 :

SECTIONS.	DÉPENSES KILOMÉTRIQUES.			
	1872	1873	1874	1875
	francs.	francs.	francs.	francs.
Bourges à Montluçon.	9.820	8.840	9.488	10.943
Toulouse à Lexos et à Albi.	10.874	10.850	11.609	13.243
Montluçon à Saint-Sulpice.	13.568	14.067	14.073	13.882

Les recettes mentionnées plus haut comprennent en bloc, celles de la grande vitesse et celles de la petite vitesse. Le calcul du prix de revient exige la connaissance du tonnage transporté sur chacune des trois lignes. Voici comment nous allons déterminer approximativement ce tonnage :

On supposera que le rapport indiqué par la statistique, pour l'ensemble des lignes du nouveau réseau de la compagnie d'Orléans, entre la recette de la grande vitesse et la recette totale, existe également sur chacune des trois lignes étudiées prises isolément.

Le rapport de la recette de la grande vitesse (voyageurs) à la recette totale du nouveau réseau de la compagnie d'Orléans s'est élevé :

en 1872 à 0,268
en 1873 à 0,265
en 1874 à 0,264
en 1875 à 0,261

En multipliant la recette totale, par année et par kilomètre, de chacune des trois lignes, par le rapport entre la recette des voyageurs et la recette totale de la même année, on arrive au chiffre approximatif de la recette des voyageurs, et par différence, on obtiendra la recette des marchandises.

Connaissant la recette des voyageurs et la recette des marchandises de chacune des trois lignes, en divisant la première par le tarif moyen perçu par voyageur et par kilomètre, la deuxième par le tarif moyen perçu par tonne kilométrique, on aura le tonnage kilométrique des voyageurs et le tonnage kilométrique de la petite vitesse.

Les tarifs moyens appliqués sont ceux relatifs à l'ensemble du nouveau réseau de la compagnie d'Orléans.

Ces tarifs moyens, exprimés en centimes, s'élèvent à :

	1872	1873	1874	1875
Voyageurs	4,5	4,9	4,9	4,8
Marchandises P. V. .	5,7	5,6	5,8	5,8

Les résultats auxquels on arrive sont, pour les voyageurs, consignés dans le tableau suivant :

SECTIONS.	VOYAGEURS KILOMÉTRIQUES.			
	1872	1873	1874	1375
Bourges à Montluçon.	120.688	106.020	108.562	115.000
Toulouse à Lexos et à Albi.	108.000	104.367	106.532	116.187
Montluçon à Saint-Sulpice.	112.911	115.571	110.305	116.625

Le tonnage kilométrique de la petite vitesse est mentionné au tableau suivant :

SECTIONS.	TONNES KILOMÉTRIQUES de petite vitesse.			
	1872	1873	1874	1875
Bourges à Montluçon.	260.263	257.303	256.300	269.293
Toulouse à Lexos et à Albi. . . .	232.807	253.303	251.514	272.241
Montluçon à Saint-Sulpice. . . .	248.300	280.464	260.413	273.310

Au moyen du parcours kilométrique des voyageurs et du tonnage kilométrique des marchandises, nous arriverons au prix de revient du transport d'une tonne de marchandises, en admettant que la dépense d'exploitation par tonne kilométrique de marchandises soit égale à celle du transport d'un voyageur à 1 kilomètre (*). En additionnant les chiffres des deux tableaux précédents, on aura le nombre d'unités transportées, par kilomètre et par an, sur chacune des trois lignes. Le tableau suivant donne les chiffres des unités transportées :

SECTIONS.	UNITÉS TRANSPORTÉES par kilomètre.			
	1872	1873	1874	1875
Bourges à Montluçon.	380,951	363.323	364.862	384.293
Toulouse à Lexos et à Albi. . .	340.807	357.670	357.046	388.428
Montluçon à Saint-Sulpice. . . .	361.211	396.035	370.718	389.935

On connaît la dépense par kilomètre et par an, sur chacune des trois lignes. En divisant cette dépense par le nombre des unités transportées par kilomètre, on aura au quotient la dépense d'exploitation par tonne et par kilo-

---

(*) Cette règle approximative qui assimile, au point de vue de la dépense d'exploitation, le voyageur kilométrique à la tonne nette kilométrique, est celle à laquelle nous sommes arrivé dans un mémoire sur les prix de revient des transports par chemins de fer, *Annales des ponts et chaussées*, 1875, 2ᵉ sem., tome X.

mètre; c'est le chiffre que nous cherchons. Le tableau suivant renferme, en centimes, le prix de revient du transport
d'une tonne à 1 kilomètre sur les trois lignes :

SECTIONS.	PRIX DE REVIENT par tonne kilométrique.			
	1872	1873	1874	1875
	centimes.	centimes.	centimes.	centimes.
Bourges à Montluçon.	2,57	2,43	2,60	2,84
Toulouse à Lexos et à Albi. . . .	3,19	3,03	3,25	3,40
Montluçon à Saint-Sulpice.	3,75	3,55	3,80	3,56

On remarquera que la ligne de Bourges à Montluçon a
toujours le prix de revient le plus faible. On a vu que
cette ligne avait le tracé le plus facile des trois lignes étudiées. La ligne de Montluçon à Saint-Sulpice-Laurière, d'un
profil en long difficile, accuse constamment le prix de revient le plus élevé.

Comparons les prix de revient que l'on vient de déterminer aux coefficients virtuels. On a vu que ces coefficients
virtuels sont :

Bourges à Montluçon. 1,526
Toulouse à Lexos et à Albi. 2,107
Montluçon à Saint-Sulpice-Laurière. . . . 5,120

. Si l'on se reporte à la définition du coefficient virtuel,
on verra que ce coefficient représente la longueur horizontale et rectiligne équivalente au point de vue de la résistance à 1 kilomètre moyen de la ligne étudiée.

Si donc on divise le prix de revient de la tonne kilométrique par le coefficient virtuel, on aura le prix de revient
du transport sur 1 kilomètre de longueur virtuelle horizontale et rectiligne. Nous indiquons, dans le tableau ci-après,
la valeur de ce prix de revient par kilomètre de longueur
virtuelle sur chacune des trois lignes étudiées :

SECTIONS.	PRIX DE REVIENT par tonne et par kilomètre de longueur virtuelle.			
	1872	1873	1874	1875
	centimes.	centimes.	centimes.	centimes.
Bourges à Montluçon.	1,67	1,59	1,70	1,86
Toulouse à Lexos et à Albi. . . .	1,51	1,44	1,54	1,61
Montluçon à Saint-Sulpice. . . .	1,20	1,14	1,22	1,14

On peut déduire diverses conséquences des chiffres de ce tableau :

1° Pour une même ligne, le prix de revient par tonne et par kilomètre de longueur virtuelle n'est pas absolument constant d'une année à l'autre. Les conditions de l'exploitation d'une ligne, au point de vue des dépenses, étant supposées les mêmes pendant la période des quatre années, le prix de revient par tonne et par kilomètre de longueur virtuelle varie avec l'intensité du trafic sur cette ligne;

2° Pour une même ligne, les écarts entre les valeurs extrêmes du prix de revient par tonne et par kilomètre de longueur virtuelle ne sont pas très considérables. D'une ligne à l'autre, ce prix de revient est très différent;

3° A mesure que la difficulté de l'exploitation augmente, ce prix de revient diminue; cela s'explique par ce fait, qu'il n'y a qu'une partie des dépenses du transport proprement dit qui augmente proportionnellement aux difficultés du profil en long. Toutes les autres dépenses d'exploitation restent à peu près les mêmes, quels que soient l'inclinaison des rampes et le rayon des courbes. Or, pour obtenir le prix de revient par tonne et par kilomètre de longueur virtuelle, on a divisé le prix de revient par tonne et par kilomètre de longueur réelle par la longueur virtuelle moyenne de 1 kilomètre de ligne. Le dénominateur augmente, par conséquent, proportionnéllement aux difficultés du profil en long, tandis qu'il n'y a qu'une partie du numérateur qui augmente dans la même proportion. Le quotient doit, par suite, aller en diminuant ;

4° La conclusion la plus importante qui découle des chiffres du tableau est qu'on ne saurait comparer, comme on l'a fait souvent, une longueur virtuelle relative au travail mécanique à une longueur virtuelle relative aux dépenses d'exploitation. Une telle comparaison ne serait possible, en effet, que s'il y avait proportionnalité entre les deux longueurs virtuelles, ou encore s'il existait un rapport constant entre la dépense d'exploitation, par tonne et kilomètre de longueur réelle et le coefficient virtuel. Or le tableau précédent montre qu'une telle proportionnalité n'existe pas, et que le rapport en question, constant à peu près pour une même ligne, varie beaucoup quand on passe d'une ligne ayant un profil en long déterminé, à une autre ligne à profil en long plus difficile.

§ 15. — Formule de la dépense d'exploitation par tonne et par kilomètre.

Nous terminerons cette étude sur les longueurs virtuelles, par la recherche de la relation expérimentale qui lie la dépense d'exploitation par tonne kilométrique de marchandises de petite vitesse, à la longueur virtuelle d'une ligne de chemins de fer.

Désignons par

D la dépense d'exploitation par tonne de marchandises et par kilomètre, le service de l'exploitation étant supposé organisé de la même manière que sur les réseaux français.

$\dfrac{R}{2}$ la fréquentation, dans chaque sens, d'une ligne dont le trafic est supposé le même dans les deux sens.

C_v le coefficient virtuel de cette ligne.

P le parcours moyen d'une tonne.

L'expression de R se compose d'autant d'unités qu'il y a de fois 1.000 francs dans la recette kilométrique annuelle d'une ligne. Si cette recette kilométrique s'élève à 20.000 francs, par exemple, R sera égal à 20, et la fréquentation $\frac{R}{2}$ sera de 10.

La valeur de la dépense D exprimée en centimes, peut se mettre sous la forme

$$D = \frac{80}{P} + z + y\,\frac{1}{\left(\frac{R}{2}\right)^{\frac{1}{z}}} + u\mathrm{C}_v\,\frac{1}{\left(\frac{R}{2}\right)^{\frac{1}{x}}}. \qquad (1)$$

Dans cette équation le terme $\frac{80}{P}$ représente les dépenses de manutention, à l'arrivée et au départ, rapportées à la tonne kilométrique. Ces dépenses de manutention sont les mêmes quel que soit le parcours de la marchandise.

Le terme z est la partie de la dépense d'exploitation indépendante de la fréquentation.

Une fraction de la dépense d'exploitation par tonne kilométrique diminue lorsque la fréquentation augmente; les deux derniers termes de l'expression de D correspondent à cette fraction de la dépense : l'un est indépendant du coefficient virtuel, l'autre varie proportionnellement à ce coefficient virtuel.

L'expression de D contient quatre inconnues x, y, z et u, et l'on a, pour les déterminer, autant d'équations de la forme de l'équation (1); les valeurs des termes connus D, P, R et C_v varient d'une équation à l'autre.

N'ayant pas pu obtenir une solution directe de l'équation (1), nous avons été obligé de recourir à une méthode approximative pour arriver à résoudre la question.

La principale difficulté consistait dans la détermination de l'exposant $\frac{1}{x}$ de la fréquentation $\frac{R}{2}$. Deux hypothèses ont été appliquées aux résultats d'exploitation des diverses lignes ou sections de lignes qui ont été étudiées.

1°) On a admis d'abord que la diminution d'une fraction

du prix de revient de la tonne kilométrique était proportionnelle à l'accroissement de la fréquentation $\left(\dfrac{1}{x}=1\right)$.

2°) On a supposé ensuite que cette diminution était pro-
portionnelle à la racine carrée de la fréquentation $\left(\dfrac{1}{x}=\dfrac{1}{2}\right)$.

Après de nombreux essais on est arrivé aux trois formules suivantes:

1°) *Formule applicable aux principales lignes de l'ancien réseau.*

$$(a) \qquad D = 0,85 + \frac{12}{\sqrt{2R}} + \frac{6C_v}{\sqrt{2R}};$$

la recette kilométrique ne devra pas dépasser 150.000 fr.,
sinon, il faudrait modifier l'exposant $\dfrac{1}{x}$ de la fréquenta-

tion $\dfrac{R}{2}$; la recette kilométrique devra être supérieure à
30.000 francs.

2°) *Formule applicable aux principales lignes du nouveau réseau.*

$$(b) \qquad D = 0,9 + \frac{6}{\sqrt{2R}} + \frac{4C_v}{\sqrt{2R}}.$$

La recette kilométrique devra être comprise entre 10.000
et 30.000 francs.

3°) *Formule applicable au réseau d'intérêt local.*

$$(c) \qquad D = 1,0 + \frac{16}{R} + \frac{6C_v}{R}.$$

La recette kilométrique devra être inférieure à 10.000 fr.
pour que l'on puisse appliquer cette formule.

Les trois équations (a), (b) et (c) permettent de calculer sur une ligne quelconque le prix de revient du transport de la tonne kilométrique en fonction de la fréquentation et du coefficient virtuel de cette ligne.

Comme vérification, on appliquera ces formules à un certain nombre de lignes. Les résultats sont consignés dans le tableau suivant :

LIGNES ou sections de lignes.	LONGUEUR en kilomètres.	RECETTE kilomé- trique.	COEFFI- CIENT virtuel de résistance.	PRIX DE REVIENT par tonne nette kilométrique		FORMULE appliquée.	DIFFÉRENCE entre les deux prix de revient	
				effectif.	calculé avec la formule.		absolue.	p. 100.
		francs.		centimes.	centimes.			
Paris à Lyon (1877).	511,3	156.100	1,453	2,08	2,02	(a)	— 0,06	2,8
Lyon à Avignon (1877).	229,6	184.400	1,376	1,60	»	»	—	—
Semmering (1878).	41,2	71.600	5,266	4,25	4,50	(a)	+ 0,25	5,6
Société autrichien- ne (nouveau ré- seau) (1877). . . .	203,0	46.700	1,941	3,22	3,31	(a)	+ 0,09	2,8
Bourges à Montlu- çon (1874).	101,7	20.200	1,526	2,60	2,78	(b)	+ 0,18	6,9
Montluçon à Saint- Sulpice (1874). .	146,3	20.500	3,120	3,80	3,79	(b)	— 0,01	0,3
Toulouse à Lexos (1874).	105,5	19.800	2,107	3,25	3,19	(b)	— 0,06	1,8
Vitré à Fougères (1868).	35,6	4.730	2,803	7,84	7,90	(c)	+ 0,06	0,7
Maine - et - Loire (1877).	63,6	4.850	2,620	7,52	7,54	(c)	+ 0,02	0,3
Barbezieux (*) à Châ- teauneuf (1873). .	18,7	4.100	3,170	9,90	9,54	(c)	— 0,36	3,7

(*) Les données relatives au chemin d'intérêt local de Barbezieux nous ont été fournies par M. Hu- guet, ancien directeur de la construction et de l'exploitation de la ligne. Ce chemin construit très économiquement a coûté 97.600 francs le kilomètre, matériel roulant compris. M. A. Huguet est au- jourd'hui ingénieur auxiliaire des ponts et chaussées.

Les différences entre les prix de revient effectifs et ceux calculés d'après les formules sont faibles.

Il est permis de conclure que les trois formules men- tionnées plus haut donnent très approximativement le prix de revient du transport de la tonne kilométrique dans les limites indiquées pour chacune de ces formules.

La ligne de Lyon à Avignon, dont la recette kilométrique est notablement supérieure à 150.000 francs, fait excep- tion; notre formule (a) ne saurait lui être appliquée. Ces exceptions sont très rares en France ; il y a fort peu de lignes dont les recettes kilométriques sont supérieures à 150.000 francs.

Nous aurions voulu déterminer, d'après la formule (c), le prix de revient de la tonne kilométrique sur la ligne entière de Vitré à Fougères, entre Vitré et Mordrey. Nous ne possédions que le profil en long de la section la plus difficile de cette ligne, entre Vitré et Fougères. Néanmoins si l'on prend l'année 1877, pour laquelle $R = 6,7$, en admettant que C_v ne dépasse pas $2,1$, ce qui ne doit différer que fort peu de la réalité sur la longueur de 81 kilom. de la ligne entière, on trouve, d'après la formule (c),

$$D = 5^{cent.},1.$$

La dépense effective par tonne kilométrique, en 1877, est à peu de chose près égale à $4^{cent.},5$. Cela montre que, tout en tenant compte de ce que les frais de renouvellement de la voie et du matériel roulant sont encore faibles, l'exploitation de cette ligne est faite dans des conditions d'une remarquable économie.

En ce qui concerne le Semmering, nous avons pu obtenir quelques renseignements sur les résultats de l'exploitation de cette section à fortes rampes (*).

(*) M. Schuler, directeur général des chemins du sud de l'Autriche, a bien voulu nous faire connaître ces résultats pour l'année 1878, à la demande de notre maître et ancien chef, M. Kopp, ingénieur des ponts et chaussées, directeur général de la société autrichienne 1. R. P., auquel nous nous étions adressé. Si notre formule de la dépense d'exploitation par tonne nette kilométrique se vérifie à peu près pour le Semmering (dans l'hypothèse de 1 tonne nette pour 2,5 tonnes de poids brut), il n'en est plus de même pour la formule du § 17. Les chiffres de M. Schuler indiquent un coefficient d'exploitation de 56 p. 100 sur le Semmering. Ce coefficient est très faible, eu égard au profil du Semmering. Notre formule, § 17, donne des dépenses, par kilomètre de ligne, supérieures aux dépenses mentionnées par M. Schuler.

§ 16. — Coefficient virtuel relatif à la dépense d'exploitation par tonne kilométrique.

A l'aide des formules du prix de revient de la tonne kilométrique de marchandises, on peut déterminer le coefficient virtuel relatif à ce prix de revient sur des lignes dont la résistance est connue.

Si nous appelons D' le prix de revient sur une ligne dont la fréquentation est $\frac{R}{2}$, et dont le coefficient virtuel relatif à la résistance est C_v, on aura, d'après l'équation (a) :

$$D' = 0,85 + \frac{12}{\sqrt{2R}} + 6\frac{C_v}{\sqrt{2R}},$$

Si l'on suppose $C_v = 1$, cette équation donnera le prix de revient D, sur une section en palier rectiligne :

$$D = 0,85 + \frac{12}{\sqrt{2R}} + \frac{6}{\sqrt{2R}} = 0,85 + \frac{18}{\sqrt{2R}},$$

on tire de là :

$$\frac{D'}{D} = \frac{0,85 + \frac{12}{\sqrt{2R}} + 6\frac{C_v}{\sqrt{2R}}}{0,85 + \frac{18}{\sqrt{2R}}} = \frac{0,85\sqrt{2R} + 12 + 6C_v}{0,85\sqrt{2R} + 18},$$

Or, $\frac{D'}{D}$ est précisément le coefficient virtuel relatif à la dépense d'exploitation par tonne nette kilométrique.

Nous donnons dans le tableau suivant les valeurs de ce coefficient pour des recettes kilométriques variant de 10.000 à 150.000 francs, et avec des rampes continues allant en augmentant de 0,00 à 30 millimètres.

COEFFICIENT virtuel relatif à la résistance de la ligne.	1	2	3	4	5	6	7	8	9	10	11	12	13	14	15	16	17	18	19
RAMPE FICTIVE continue et équivalente en millimètres.	0,00	3,00	5,60	8,00	10,20	12,23	14,10	15,86	17,57	19,13	20,31	21,87	23,20	24,53	25,83	27,09	28,12	29,11	30,00

COEFFICIENT VIRTUEL relatif à la dépense d'exploitation par tonne kilométrique.

RECETTES kilométriques.	PRIX de revient par tonne et kilomètre sur un palier rectiligne.																		
francs.	centimes.																		
10.000	3,25	1,26	1,51	1,76	2,02	2,27	2,52	2,78	3,03	3,28	3,54	3,79	4,05	4,30	4,55	4,81	5,06	5,31	5,56
20.000	2,99	1,25	1,49	1,74	1,98	2,23	2,47	2,72	2,96	3,21	3,45	3,70	3,94	4,19	4,43	4,68	4,92	5,17	5,41
30.000	2,82	1,24	1,47	1,71	1,94	2,17	2,41	2,64	2,88	3,11	3,35	3,58	3,82	4,05	4,29	4,52	4,76	4,99	5,23
40.000	2,70	1,23	1,46	1,70	1,93	2,16	2,39	2,63	2,86	3,10	3,33	3,56	3,80	4,03	4,26	4,49	4,72	4,95	5,18
50.000	2,59	1,22	1,45	1,67	1,89	2,10	2,34	2,57	2,79	3,02	3,25	3,48	3,71	3,94	4,17	4,40	4,63	4,85	5,08
60.000	2,48	1,22	1,44	1,66	1,88	2,10	2,32	2,54	2,76	2,97	3,19	3,41	3,63	3,85	4,07	4,28	4,50	4,72	4,95
70.000	2,36	1,21	1,42	1,64	1,85	2,06	2,28	2,49	2,71	2,92	3,14	3,35	3,57	3,78	3,99	4,21	4,43	4,64	4,85
80.000	2,27	1,21	1,41	1,62	1,83	2,04	2,25	2,46	2,67	2,87	3,08	3,29	3,50	3,71	3,92	4,13	4,34	4,54	4,75
90.000	2,19	1,20	1,40	1,61	1,81	2,01	2,22	2,42	2,63	2,83	3,04	3,24	3,45	3,65	3,86	4,06	4,27	4,47	4,68
100.000	2,11	1,20	1,40	1,60	1,80	2,00	2,20	2,40	2,60	2,80	3,00	3,20	3,40	3,60	3,80	4,00	4,20	4,40	4,60
110.000	2,06	1,20	1,39	1,59	1,79	1,98	2,18	2,37	2,57	2,77	2,96	3,16	3,36	3,55	3,75	3,94	4,14	4,34	4,53
120.000	2,01	1,19	1,38	1,57	1,77	1,96	2,15	2,34	2,54	2,73	2,92	3,11	3,31	3,50	3,69	3,88	4,08	4,27	4,46
130.000	1,97	1,19	1,38	1,57	1,76	1,95	2,14	2,33	2,52	2,71	2,89	3,08	3,27	3,46	3,65	3,84	4,03	4,22	4,40
140.000	1,92	1,19	1,38	1,56	1,75	1,93	2,12	2,31	2,49	2,68	2,86	3,05	3,24	3,42	3,61	3,79	3,98	4,17	4,35
150.000	1,88	1,18	1,36	1,55	1,73	1,91	2,10	2,28	2,46	2,65	2,88	3,01	3,20	3,38	3,56	3,75	3,93	4,11	4,29

Lorsque la recette kilométrique est inférieure à 10.000 fr., on peut admettre, avec une grande approximation, que les coefficients virtuels relatifs à la dépense d'exploitation par tonne kilométrique, sont les mêmes que dans le cas d'une recette kilométrique de 10.000 francs.

Quant au prix de revient de la tonne kilométrique, lorsque la recette est inférieure à 10.000 francs, il atteint à peu près les valeurs suivantes, sur une ligne en palier et en alignement droit.

Recettes kilométriques.	Prix de revient en palier.	Recettes kilométriques.	Prix de revient en palier.
3.000 francs.	8,33 centimes.	7.000 francs.	4,14 centimes.
4.000 —	6,50 —	8.000 —	3,75 —
5.000 —	5,40 —	9.000 —	3,44 —
6.000 —	4.66 —		

La première colonne horizontale du tableau précédent, indique les coefficients virtuels relatifs à la résistance qu'oppose une ligne à la marche des trains. La deuxième colonne horizontale donne la rampe moyenne fictive que devrait avoir une ligne sur toute sa longueur, pour donner lieu à un coefficient virtuel de résistance égal au chiffre placé au-dessus, dans la première colonne horizontale. Cette rampe moyenne, d'après ce qui a déjà été dit dans le corps du mémoire, n'est qu'approximative.

La première colonne verticale du tableau donne les recettes annuelles kilométriques pour lesquelles on a déterminé le coefficient virtuel relatif à la dépense d'exploitation. La deuxième colonne verticale donne la dépense d'exploitation sur une ligne ayant un coefficient virtuel de résistance égal à 1, c'est-à-dire sur un chemin de niveau et rectiligne. Dans cette colonne, les chiffres compris entre les recettes kilométriques de 10.000 à 60.000 francs, ont été obtenus en prenant des moyennes entre les résultats fournis par les trois formules, et en interpolant. On a été obligé de recourir à ce procédé pour éviter les anomalies résultant, aux points de soudure, de l'emploi successif de formules différentes.

A partir de la troisième colonne verticale jusqu'à la dernière, on a calculé, pour des coefficients virtuels de résistance variant de 1 à 19, les coefficients de la dépense d'exploitation correspondante.

Voici comment on devra se servir de ce tableau :

Une ligne de chemins de fer a une recette probable de 70.000 francs par kilomètre, et un coefficient virtuel de résistance égal à 5.

Quelle sera, sur cette ligne, la dépense d'exploitation par tonne kilométrique?

La dépense par tonne kilométrique sur une ligne en palier ayant une recette de 70.000 francs est, d'après le tableau, de $2^{\text{centimes}},56$. Le coefficient de la dépense d'exploitation qui correspond à une recette kilométrique de 70.000 francs et à un coefficient de résistance égal à 3, est de 1,42. La dépense d'exploitation approximative cherchée sera $2,36 \times 1,42 = 3^{\text{centimes}},35$.

Il est presque superflu d'observer que les coefficients virtuels relatifs à la dépense d'exploitation par tonne kilométrique de marchandises contenus dans le tableau précédent, représentent également le nombre des kilomètres de longueur virtuelle, équivalente, au point de vue de la dépense d'exploitation, à un kilomètre de longueur réelle ayant un coefficient de résistance mentionné en tête de chaque colonne verticale.

---

§ 17. — Formule de la dépense d'exploitation par kilomètre de ligne.

Comme dernière application de la méthode qui vient d'être exposée, nous indiquerons la formule à laquelle nous sommes arrivé, pour déterminer la dépense d'exploitation, par kilomètre, sur une ligne dont la recette pro-

bable est connue, ainsi que le coefficient virtuel relatif à la résistance de cette ligne.

Soit D cette dépense, en désignant par

R la recette kilométrique annuelle,

C_v le coefficient virtuel de résistance déterminé comme a été dit plus haut.

On obtient la formule :

$$D = 2.800 + 0,13 R(1 + C_v) \; (*).$$

Si l'on applique cette formule aux lignes ou sections de ligne qui ont déjà été étudiées dans le cours de ce travail, on obtient les résultats consignés dans le tableau suivant :

LIGNES ou sections de lignes.	RECETTE kilo- métrique.	COEFFI- CIENT virtuel de la résistance.	DÉPENSE d'exploitation par kilomètre.		DIFFÉRENCE	
			effective.	calculée avec la formule.	absolue.	p. 100.
	francs.		francs.	francs.	francs.	
Paris à Lyon (1877).	156.100	1,453	51.500	52.500	+1.000	1,96
Société autrichienne (nouveau réseau 1877).	46.800	1,941	20.400	20.700	+ 300	1,47
Bourges à Montlu- çon (1874).	20.200	1,526	9.500	9.800	+ 300	3,15
Montluçon à Saint- Sulpice (1874). . .	20.500	3,120	14.100	13.800	— 300	2,13
Toulouse à Lexos (1874).	19.800	2,107	11.600	10.800	— 800	6,89
Vitré à Fougères (1868).	4.730	2,803	4.530	5.130	+ 600	13,23
Maine - et - Loire (1877)	4.850	2,620	4.760	5.080	+ 320	6,72
Barbézieux à Châ- teauneuf (1873). .	4.100	3,170	5.089	5.023	— 66	1,20

Les différences signalées dans les deux dernières colonnes

(*) Cette formule est un peu plus simple que celle à laquelle nous ont conduit nos calculs. Nous avons obtenu, en effet, la relation

$$D = 2.800 + 0,13 R + 0,14 RC_v,$$

de laquelle nous avons déduit la formule que nous proposons en prenant, vu la faible différence, le même coefficient pour le terme en R et celui en RC_v.

de ce tableau sont sensibles pour les lignes de Vitré à Fougères et de Maine-et-Loire. Elles n'ont cependant rien de
surprenant, si l'on observe que les résultats indiqués pour
ces deux lignes s'appliquent à la période du commence-
ment de leur exploitation, et que par suite les frais de ré-
fection et de renouvellement de la voie et du matériel roulant sont presque nuls.

Sur les lignes du réseau d'intérêt général qu'il reste à
construire, le coefficient virtuel relatif à la résistance aura
souvent une valeur qui atteindra et dépassera même quelquefois 3. La formule de la dépense kilométrique devient,
dans l'hypothèse d'un coefficient virtuel de résistance,
égal à 3 :

$$D = 2.800 + 0,52 \, R.$$

Il nous a semblé qu'il pourrait être utile de connaître les
résultats numériques que donne la formule de la dépense
kilométrique, lorsque l'on fait varier la recette R et le coefficient C_v.

Le tableau suivant donne le chiffre de la dépense d'exploitation par kilomètre pour une recette kilométrique et
un coefficient virtuel déterminés. On a préféré indiquer
dans ce tableau les valeurs de la dépense d'exploitation
par kilomètre, lorsque la recette R et le coefficient C_v varient, plutôt que de calculer le coefficient de cette dépense
d'exploitation. On eût pu procéder, comme on l'a fait pour
le prix de revient par tonne kilométrique déterminé dans
le paragraphe précédent; on serait arrivé, dans ce cas, à
calculer un coefficient qui eut été

$$\frac{D'}{D_0} = \frac{2800 + 0,13 \, R(1 + C_v)}{2800 + 0,26 \, R}.$$

D_0 est la dépense en palier.

COEFFICIENT virtuel relatif à la résistance de la ligne.	1,0	1,2	1,4	1,6	1,8	2,0	2,2	2,4	2,6	2,8	3,0	3,2	3,4	3,6	3,8	4,0	4,2	4,4	4,6	4,8	5
RAMPE FICTIVE continue et équivalente en millimètres.	0,00	0,62	1,22	1,81	2,39	2,95	3,50	4,05	4,57	5,10	5,60	6,10	6,62	7,07	7,54	8,00	8,46	8,90	9,34	9,78	10,20

DÉPENSE D'EXPLOITATION PAR KILOMÈTRE DE LIGNE.

RECETTE kilométrique. francs.	1,0	1,2	1,4	1,6	1,8	2,0	2,2	2,4	2,6	2,8	3,0	3,2	3,4	3,6	3,8	4,0	4,2	4,4	4,6	4,8	5
3.000	3.580	3.658	3.736	3.814	3.892	3.970	4.048	4.126	4.204	4.282	4.360	4.438	4.516	4.594	4.672	4.750	4.828	4.906	4.984	5.062	5.140
4.000	3.840	3.944	4.048	4.152	4.256	4.360	4.464	4.568	4.672	4.776	4.880	4.984	5.088	5.192	5.296	5.400	5.504	5.608	5.712	5.816	5.920
5.000	4.100	4.230	4.360	4.490	4.620	4.750	4.880	5.010	5.140	5.270	5.400	5.530	5.660	5.790	5.920	6.050	6.180	6.310	6.440	6.570	6.700
6.000	4.360	4.516	4.672	4.828	4.984	5.140	5.296	5.452	5.608	5.764	5.920	6.076	6.232	6.388	6.544	6.700	6.856	7.012	7.168	7.324	7.480
7.000	4.620	4.802	4.984	5.166	5.348	5.530	5.712	5.894	6.076	6.258	6.440	6.622	6.804	6.986	7.168	7.350	7.532	7.714	7.896	8.078	8.260
8.000	4.880	5.088	5.296	5.504	5.712	5.920	6.128	6.336	6.544	6.752	6.960	7.168	7.376	7.584	7.792	8.000	8.208	8.416	8.624	8.832	9.040
9.000	5.140	5.374	5.608	5.842	6.076	6.310	6.544	6.778	7.012	7.246	7.480	7.714	7.948	8.182	8.416	8.650	8.884	9.118	9.352	9.586	9.820
10.000	5.400	5.660	5.920	6.180	6.440	6.700	6.960	7.220	7.480	7.740	8.000	8.260	8.520	8.780	9.040	9.300	9.560	9.820	10.080	10.340	10.600
11.000	5.660	5.946	6.232	6.518	6.804	7.090	7.376	7.662	7.948	8.234	8.520	8.806	9.092	9.378	9.664	9.950	10.236	10.522	10.808	11.094	11.380
12.000	5.920	6.232	6.544	6.856	7.168	7.480	7.792	8.104	8.416	8.728	9.040	9.352	9.664	9.976	10.288	10.600	10.912	11.224	11.536	11.848	12.160
13.000	6.180	6.518	6.856	7.194	7.532	7.870	8.208	8.546	8.884	9.222	9.560	9.898	10.236	10.574	10.912	11.250	11.588	11.926	12.264	12.602	12.940
14.000	6.440	6.804	7.168	7.532	7.896	8.260	8.624	8.988	9.352	9.716	10.080	10.444	10.808	11.172	11.536	11.900	12.264	12.628	12.992	13.356	13.720
15.000	6.700	7.090	7.480	7.870	8.260	8.650	9.040	9.430	9.820	10.210	10.600	10.990	11.380	11.770	12.160	12.550	12.940	13.330	13.720	14.110	14.500
16.000	6.960	7.376	7.792	8.208	8.624	9.040	9.456	9.872	10.288	10.704	11.120	11.536	11.952	12.368	12.784	13.200	13.616	14.032	14.448	14.864	15.280
17.000	7.220	7.662	8.104	8.546	8.988	9.430	9.872	10.314	10.756	11.198	11.640	12.082	12.524	12.966	13.408	13.850	14.292	14.734	15.176	15.618	16.060
18.000	7.480	7.948	8.416	8.884	9.352	9.820	10.288	10.756	11.224	11.692	12.160	12.628	13.096	13.564	14.032	14.500	14.968	15.436	15.904	16.372	16.840
19.000	7.740	8.234	8.728	9.222	9.716	10.210	10.704	11.198	11.692	12.186	12.680	13.174	13.668	14.162	14.656	15.150	15.644	16.138	16.632	17.126	17.620
20.000	8.000	8.520	9.040	9.560	10.080	10.600	11.120	11.640	12.160	12.680	13.200	13.720	14.240	14.760	15.280	15.800	16.320	16.840	17.360	17.880	18.400
21.000	8.260	8.806	9.352	9.898	10.444	10.990	11.536	12.082	12.628	13.174	13.720	14.266	14.812	15.358	15.904	16.450	16.996	17.542	18.088	18.634	19.180
22.000	8.520	9.092	9.664	10.236	10.808	11.380	11.952	12.524	13.096	13.668	14.240	14.812	15.384	15.956	16.528	17.100	17.672	18.244	18.816	19.388	19.960
23.000	8.780	9.378	9.976	10.574	11.172	11.770	12.368	12.966	13.564	14.162	14.760	15.358	15.956	16.554	17.152	17.750	18.348	18.946	19.544	20.142	20.740
24.000	9.040	9.664	10.288	10.912	11.536	12.160	12.784	13.408	14.032	14.656	15.280	15.904	16.528	17.152	17.776	18.400	19.024	19.648	20.272	20.898	21.520
25.000	9.300	9.950	10.600	11.250	11.900	12.550	13.200	13.850	14.500	15.150	15.800	16.450	17.100	17.750	18.400	19.050	19.700	20.350	21.000	21.650	22.300

Nous n'avons pas cru nécessaire de calculer la dépense d'exploitation par kilomètre de ligne, pour des recettes supérieures à 25.000 francs par kilomètre et pour des coefficients virtuels de la résistance supérieurs à 5.

Les lignes du réseau d'intérêt général qui seront encore construites, auront, en effet, presque toujours, une recette kilométrique de beaucoup inférieure à 25.000 francs, et un coefficient virtuel de résistance ne dépassant pas 5. Le cadre de ce dernier tableau est, par suite, suffisamment étendu pour que les résultats qu'il contient puissent s'appliquer, dans la majeure partie des cas, aux lignes encore à construire du réseau d'intérêt général.

Pour se servir du tableau, il faut avoir préalablement déterminé la recette probable de la ligne, et avoir calculé son coefficient virtuel de résistance à l'aide de la méthode indiquée plus haut. On prendra la colonne verticale en tête de laquelle se trouve le coefficient virtuel en question, et la ligne horizontale en tête de laquelle est indiquée la recette probable. On cheminera jusqu'à leur rencontre où se trouvera le chiffre approximatif de la dépense d'exploitation par kilomètre de ligne.

A l'aide de la formule

$$D = 2.800 + 0,13\,R\,(1 + C_v),$$

on peut aisément obtenir le rapport $\dfrac{D}{R}$. Ce rapport de la dépense à la recette d'une ligne, n'est autre chose que ce que l'on appelle le *coefficient d'exploitation* de cette ligne.

On aura :

$$\frac{D}{R} = \frac{2800}{R} + 0,13'1 + C_v).$$

Ce coefficient a une certaine valeur dans le service de l'exploitation d'un réseau de chemins de fer. En donnant à la recette R et au coefficient de résistance C_v d'un chemin les valeurs déja indiquées pour les diverses lignes étudiées dans ce travail, on peut s'assurer que les résultats fournis par cette formule du coefficient d'exploitation ne s'éloignent pas sensiblement des coefficients d'exploitation effectifs indiqués par les compagnies.

Paris, en novembre 1879.

ANNEXES.

ANNEXE A.

Formules de la résistance des trains sur une ligne en palier et en alignement droit.

Un grand nombre d'ingénieurs se sont occupés de la recherche de l'expression de la résistance que rencontre un train circulant sur une section de niveau et en alignement droit. Nous avons pensé qu'il pouvait être utile de réunir les principales formules et méthodes établies jusqu'à présent pour le calcul de cette résistance, et de les mentionner dans une annexe à notre étude. On a groupé ensemble toutes les formules usitées dans un même pays.

FORMULES ANGLAISES.

a) — *Méthode de* M. Pambour.

Désignons par :

R la résistance du train en livres anglaises,

M le poids des véhicules et du tender en tonnes anglaises,

R_m la résistance de la machine. Cette résistance est évaluée à 15 livres par tonne de machine.

V la vitesse, en milles anglais, par heure,

Σ la surface de résistance à l'air. Cette surface est équivalente à 70 pieds carrés, plus autant de fois 10 pieds carrés qu'il y a de véhicules dans le train.

La formule de Pambour est :

$$R = \left(1 + \frac{1}{7}\right)(6M + 0{,}002687 \, \Sigma v^2) + R_m.$$

Dans le système métrique cette formule devient

$$R = (1 + 0{,}137)(2{,}69 M + 0{,}005064 \, \Sigma v^2) + R_m.$$

b) — *Méthode de* Gooch *et* Sewel.

Si l'on appelle :

R la résistance du train en livres anglaises,

P le poids des véhicules, non compris la machine et le tender, en tonnes anglaises,

p le poids de la machine et du tender en tonnes anglaises,

V le volume du train en pieds cubiques anglais,

v la vitesse, par heure, en milles anglais,

MM. Gooch et Sewell ont obtenu la relation :

$$R = P\left(6 + \frac{v}{15}\right) + p\left(5 + \frac{v}{2} + 0,00004\,Pv^2\right) + 0,00002\,Vv^2.$$

La formule de MM. Gooch et Sewell, ramenée au système métrique, devient :

$$R = P(2,68 + 0,0185\,v) + p(2,23 + 0,138\,v + 0,0000068\,Pv^2) + {}$$
$$+ 0,000124Vv^2.$$

c) — *Méthode de* MM. Harding *et* Russel.

En désignant par :

R la résistance du train en palier, en livres anglaises,

P le poids du train en tonnes anglaises, non compris la locomotive,

A la surface frontale du train en pieds carrés anglais,

v la vitesse du train par heure, en milles anglais.

M. Harding est arrivé à la formule :

$$R = P\left(6 + \frac{v}{3}\right) + 0,0025\,Av^2.$$

Cette formule de M. Harding est appliquée, en France, sous la forme suivante :

$$r = 2,72 + 0,094\,v + \frac{0,00484\,Av^2}{P},$$

r étant la résistance du train en kilogrammes, par tonne,

V la vitesse en kilomètres, à l'heure,

A la section de face du train (A = 5 mètres carrés),

P le poids du train en tonnes.

d) — *Formules de* Haswell *ou de* Clarck.

Soient :

R la résistance du train, en livres anglaises,

P le poids du train, en tonnes anglaises, y compris le poids de la locomotive,

V la vitesse du train, à l'heure, en milles anglais.

La formule de M. Haswell est :

$$R = P\left(8 + \frac{V^2}{171}\right).$$

Rapportée au système métrique, elle devient :

$$R = P(3,5713 + 0,001008\ V^2).$$

e) — *Formule de* M. Grove.

M. Grove prend pour point de départ la formule de M. Haswell, et arrive aux deux expressions suivantes, correspondant, la première, à des trains pesant plus de 100 tonnes, à une voie bien entretenue, à des courbes de très grand rayon, à des conditions atmosphériques favorables ; la deuxième formule, au contraire, répond à des conditions d'exploitation défavorables.

Si l'on désigne par :

R la résistance du train, en kilogrammes,

V la vitesse du train en mètres, par seconde,

P le poids du train en tonnes, y compris le poids de la locomotive.

M. Grove obtient les deux formules :

1° Conditions d'exploitation favorables :

$$R = P\left(2,25 + \frac{V^2}{80}\right).$$

2° Conditions d'exploitation défavorables :

$$R = P\left(4 + \frac{V^2}{50}\right).$$

FORMULES ALLEMANDES.

---

f) — *Méthode de* M. Ruehlmann.

Si l'on représente par :

R la résistance du train, en kilogrammes,

p le poids de la machine, en tonnes,

A la surface de résistance à l'air,

V la vitesse du train à l'heure, en kilomètres

On a :

$$R = P(1,8 + 0,1\,V) + p(4,5 + 0,3\,V) + 0,009\,AV^2.$$

g) — *Méthode de* M. Redtenbacher.

La formule de M. Redtenbacher est un peu plus compliquée que celles qui précèdent :

Soient :

R la résistance du train, en kilogrammes,

P le poids du train de véhicules, en tonnes,

p le poids de la locomotive et du tender,

n le nombre des véhicules du train,

a la section de face d'un véhicule, en mètres carrés,

A la section de face du train,

V la vitesse en mètres par seconde.

M. Redtenbacher établit la relation suivante :

$$R = P(3,11 + 0,077\,V) + p(7,25 + 0,577\,V) + 0,0704\,V^2\left(A + \frac{an}{4}\right).$$

h) — *Méthode de* M. Welkner.

Appelons :

R la résistance du train, en livres de deux au kilogramme,

P le poids des wagons, en tonnes,

p le poids de la locomotive et du tender,

V la vitesse à l'heure, en milles géographiques.

M. Welkner donne la formule suivante :

$$R = P\left(7 + \frac{V^2}{10}\right) + p\left(16 + \frac{V^2}{2}\right).$$

En particulier, la résistance due à la machine, sur un palier, est exprimée par M. Welkner suivant que la machine est à roues libres, à deux essieux couplés ou à trois essieux couplés, par les trois formules suivantes :

$$r = p(6 + 0,0044\,V^2),$$
$$r = p(8 + 0,0044\,V^2),$$
$$r = p(12 + 0,0044\,V^2).$$

r étant la résistance de la locomotive,

p le poids de la locomotive, en tonnes,

V la vitesse à l'heure, en kilomètres.

i) — *Formule de* M. Koch.

Si l'on désigne par :

R la résistance totale du train, en kilogrammes,

P le poids du train, en tonnes, non compris la locomotive et le tender,

p le poids d'une machine à trois essieux couplés, en tonnes,

V la vitesse à l'heure, en kilomètres.

M. Koch obtient la valeur suivante de la résistance du train entier, en palier.

$$R = P(1 + 0{,}04\,V) + p(12 + 0{,}0044\,V^2).$$

L'expression de la résistance de la machine est celle admise par M. Welkner. Le premier terme de la parenthèse devient égal à 6, à 8 ou à 18, suivant qu'il s'agira d'une machine à roues libres ou d'une machine à deux essieux couplés ou d'une machine à quatre essieux couplés.

k) — *Formule des chemins de fer du Hanovre.*

Les expériences furent faites avec des trains chargés de houille et circulant à des vitesses variables.

En désignant par :

R la résistance du train entier, en kilogrammes,

P le poids du train, en kilogrammes, y compris le poids de la locomotive.

On a :

Si la vitesse à l'heure varie de $5^{km},5$ à 11 kilomètres :

$$R = \frac{P}{592}.$$

Si la vitesse est comprise entre 34 et 40 kilomètres à l'heure :

$$R = \frac{P}{465}.$$

l) — *Méthode de la compagnie des chemins de fer de Cologne à Minden.*

Les expériences faites par l'administration des chemins de fer de Cologne à Minden, de 1866 à 1869, amenèrent les résultats suivants :

Soient :

R la résistance du train, en kilogrammes,

P le poids du train, en tonnes, non compris la machine et son tender.

On a obtenu :

1° Avec les trains de wagons vides,

a) à la vitesse de 26 kilomètres à l'heure,

$$R = 2,792 \, P.$$

b) à la vitesse de 40 kilomètres à l'heure,

$$R = 3,816 \, P.$$

2° Avec des trains de wagons chargés :

a) à la vitesse de 21 kilomètres à l'heure,

$$R = 1,520 \, P.$$

b) à la vitesse de 39 kilomètres à l'heure,

$$R = 2,189 \, P.$$

Les expériences ont eu lieu par un temps calme.

FORMULES AUTRICHIENNES.

---

m) — *Méthode de la compagnie des chemins du Sud de l'Autriche.*

Si l'on désigne par :

R la résistance du train, en kilogrammes,

P le poids du train, en tonnes, non compris la machine et son tender,

la compagnie du Sud autrichien a obtenu les résultats suivants s'appliquant, d'une part aux véhicules à deux essieux, et d'autre part aux véhicules à quatre essieux.

VITESSE A L'HEURE en kilomètres.	VÉHICULES à 4 essieux.	VÉHICULES à 2 essieux.
15 kilomètres	$R = 2,25 \, P$	$R = 2,33 \, P$
de 15 à 21 —	$R = 2,42 \, P$	»
de 21 à 29 —	$R = 2,68 \, P$	»
de 29 à 36 —	$R = 2,92 \, P$	$R = 2,73 \, P$
de 36 à 44 —	$R = 3,15 \, P$	$R = 2,90 \, P$
de 44 à 52 —	»	$R = 3,21 \, P$

Ces résultats correspondent à des expériences faites par un temps calme.

n) — *Formules de la Société autrichienne.*

L'auteur de ces formules, M. Finck, ancien inspecteur principal du matériel et de la traction de la Société autrichienne, distingue deux cas :

1°) Conditions favorables :

Pas ou peu de courbes de rayon inférieur à 500 mètres, vent faible, température supérieure à 5°, graissage à l'huile, charge supérieure à 100 tonnes brutes.

$$r = 2,5 + 0,001 \, V^2.$$

2°) Conditions défavorables :

Nombreuses courbes de rayon inférieur à 500 mètres, vent fort, température inférieure à 5°, emploi de la graisse, charge inférieure à 100 tonnes brutes.

$$r = 5,75 + 0,0015 \, V^2.$$

FORMULES FRANÇAISES.

---

o) — *Méthode de MM.* Vuillemin, Guébhard *et* Dieudonné.

Ces ingénieurs de la compagnie de l'Est ont classé les résultats qu'ils ont obtenus en deux groupes.

Désignons par :

r la résistance, en kilogrammes, par tonne de train,

V la vitesse à l'heure, en kilomètres,

S la section de face du train ($S = 5$ mètres carrés),

P le poids du train, en tonnes.

1er *groupe.* — Trains de marchandises; vitesse de 12 à 32 kilomètres à l'heure; courbes de grand rayon; palier; beau temps; température avoisinant 15°.

a) pour les trains lubréfiés à l'huile :

$$r = 1,65 + 0,05 \, V.$$

b) pour les trains lubréfiés à la graisse :

$$r = 2,50 + 0,05 \, V.$$

2e *groupe.* — Trains de toute nature; vitesse supérieure à 32 kilomètres; courbes de grand rayon; palier.

c) vitesse de 32 à 50 kilomètres à l'heure :

$$r = 1,80 + 0,08\,V + \frac{0,009\,SV^2}{P}.$$

d) vitesse de 50 à 65 kilomètres :

$$r = 1,80 + 0,08\,V + \frac{0,006\,SV^2}{P}.$$

e) vitesse de 70 kilomètres et au-dessus :

$$r = 1,80 + 0,14\,V + \frac{0,004\,SV^2}{P}.$$

COMPARAISON DES DIVERSES FORMULES.

Il est intéressant de connaître les résultats numériques que donneront les diverses formules précédentes, en supposant que l'on prenne un train circulant dans des conditions bien définies, qui soit le même pour toutes ces formules.

Nous choisirons les deux cas particuliers dans lesquels M. Lindner, s'est également placé pour pouvoir comparer entre eux les résultats des diverses formules.

Nous prendrons un train de marchandises et un train de voyageurs déterminés comme il suit :

1° *Train de marchandises.* — Poids du train non compris la locomotive et le tender : 500 tonnes à 1000 kilogr., ou 295 tonnes anglaises.

Poids du tender : 12 tonnes.

Poids de la machine : 30 tonnes à 1000 kilogr., ou 29 tonnes anglaises.

Vitesse : 30 kilomètres à l'heure, ou 18,6 milles anglais, ou 5,9 milles géographiques, ou 8,3 mètres par seconde.

Nombre des véhicules : 20.

Section de face du train ou d'un wagon : 5 mètres carrés, ou 54 pieds carrés anglais.

Volume du train : 600 mètres cubes.

Nombre des essieux moteurs : 2.

2° *Train de voyageurs.* — Poids des voitures non compris la locomotive et le tender : 50 tonnes à 1000 kilog., ou 49 tonnes anglaises.

Poids de la machine : 30 tonnes à 1000 kilog., ou 29 tonnes anglaises.

Poids du tender : 12 tonnes.

Vitesse : 70 kilomètres à l'heure, ou 45,4 milles anglais, ou 9,1 milles géographiques, ou 19,4 mètres par seconde.

Nombre des voitures : 6.

Section de face des voitures ou du train : 5 mètres carrés, ou 54 pieds carrés anglais.

Volume du train : 180 mètres cubes.

Nombre d'essieux moteurs : 1.

En appliquant chacune des formules précédentes au calcul de la résistance des deux trains ainsi définis, on trouve les résistances totales de ces trains et les résistances par tonne de train consignées dans le tableau suivant :

FORMULE.	TRAIN de petite vitesse.		TRAIN de grande vitesse		OBSERVATIONS.
	résistance totale du train R	résistance par tonne de train $\frac{R}{P}$	résistance totale du train R	résistance par tonne de train $\frac{R}{P}$	
	kilog.	kilog.	kilog.	kilog.	
Pambour	1327	3,878	542	5,88	P poids du train y compris la machine.
Harding	1652	5,508	934	19,08	P poids du train et du tender dans la machine.
Gooch	1389	4,061	1384	15,04	
Redtenbacher	1776	5,192	1236	13.43	
Ruehlmann	1943	5,678	1531	16,64	P poids du train entier y compris la machine et le tender.
Clark-Haswell	1526	4,463	793	8,61	
Grove (conditions favorables). . .	1064	3,111	640	6,95	
— (conditions défavorables). .	1836	5,378	1060	11,53	
Welkner	1774	5,187	1087	11,82	
Hanovre 1860	736	2,151	»	»	
Vuillemin (graissage à l'huile). . .	945	3,150	678	13,56	
— (graissage à la graisse)	1140	3,800			
Sud autrichien	819	2,730	»	»	P ne comprend pas la machine ni le tender.
Société autrichienne :					
Conditions favorables	»	3,400	»	7,40	
Conditions défavorables.	»	5,100	»	11,10	
Cologne à Minden.	615	2,050	»	»	
Koch	1162	3,397	1347	14,64	P poids du train entier avec tender et machine.

Ce tableau comparatif montre que les résultats donnés par les formules anciennes sont plus forts que ceux des formules établies plus récemment.

Il résulte encore de ce tableau que les expressions de R et de $\frac{R}{P}$ n'ont pas la même acception dans les diverses formules, puisque tantôt R et P s'appliquent au train entier y compris la machine et le tender, tantôt seulement au train de véhicules; il est rationnel de ne comparer entre eux que les résultats des formules dans lesquelles R et P sont pris avec la même définition.

ANNEXE B.

Formules de la résistance due aux courbes.

MÉTHODES ANGLAISES.

a) — *Formules anglaises.*

Les ingénieurs anglais convertissent la résistance en courbe en une résistance équivalente sur une rampe et se servent de la formule

$$I = \frac{1}{n}$$

pour calculer cette rampe équivalente, au point de vue de la résistance, à une courbe de n yards de rayon.

La yard est égale à $0^m,914$.

$\frac{1}{n}$ est la rampe dont la résistance est équivalente à celle opposée par la courbe.

Une autre formule est usitée, en Angleterre, pour les voitures à voyageurs :

$$R = \frac{1,4}{r}.$$

R exprime la résistance, par tonne, en livres.

r est le rayon en milles anglais de 1610 mètres.

En Amérique, on a obtenu l'expression suivante :

$$R = \frac{0,578}{r}.$$

R et r ayant la même signification que dans la formule précédente. La différence considérable qui existe entre les coefficients de ces deux expressions de la résistance d'une courbe, provient de la différence du matériel roulant employé dans les deux pays.

b) — *Formule de M. HASWELL.*

Appelons

R_4 la résistance dans une courbe,

R la résistance en palier,

α l'angle au centre correspondant à la longueur du train.

D'après M. Haswell, on aura

$$R_1 = \frac{\alpha}{10} R.$$

Si L est la longueur du train, on obtient :

$$\alpha \frac{2\pi r}{360} = L,$$

r étant le rayon de la courbe.

M. Haswell a en outre calculé R d'après la formule que nous avons déjà donnée à l'annexe A.

$$R = P(3,5713 + 0,001008\,V^2),$$

dans laquelle P représente le poids du train, en tonnes, R la résistance, en kilogrammes, et V la vitesse à l'heure, en kilomètres.

On a donc, pour la résistance, en courbe l'expression

$$R_1 = \frac{0,573}{r} LP(3,5713 + 0,001008\,V^2).$$

Si V = 30 kilomètres, on a

$$\frac{R_1}{P} = \frac{0,0056}{r} L.$$

M. Haswell a basé sa formule sur des résultats d'expériences faites avec le matériel américain. Ces résultats ne sauraient s'appliquer au matériel français qui donne lieu à des résistances dans les courbes de beaucoup supérieures à celles du matériel américain.

FORMULES ALLEMANDES.

c) — *Méthode du Brunswick.*

Soit ρ le rayon de la courbe en *ruthen* du Brunswick. La *rhute* est égale à $4^m,57$. Les ingénieurs allemands calculent souvent la résistance due à une courbe de rayon ρ, en cherchant la résis-

tance sur une rampe équivalente. Cette rampe d'une résistance
égale à celle d'une courbe de rayon ρ est

$$I = \frac{1}{6\rho}.$$

Cette formule ramenée au système métrique donne, si r est le
rayon de la courbe en mètres,

$$I = \frac{0,76}{r}.$$

d) — Méthode de M. Roeckl.

Nous avons déjà parlé de la méthode expérimentale employée
par M. Roeckl pour déterminer la résistance due aux courbes.

Il admet, au point de vue de la résistance, l'équivalence entre la
résistance des courbes et celle des rampes qui suivent :

Rayon des courbes.	Rampes équivalentes.
mèt.	millim.
300	6.25
360	5,30
450	3,57
540	2,40
600	1,43
au delà de 750	0,00

M. Roeckl, aujourd'hui directeur de la construction des chemins
de fer de l'État de Bavière, a entrepris, en 1877 et 1878, de nouvelles et nombreuses expériences pour déterminer la résistance
des trains dans les courbes. Les résultats de ces expériences n'ont
pas encore été publiés. Néanmoins nous trouvons dans le journal
de l'Union des chemins allemands (*Zeitung des Vereins deutscher
Eisenbahnen*), n° 40, du 28 mai 1880, une analyse des travaux de
M. Roeckl, publiée par *M. de Weber*.

La résistante additionnelle due aux courbes a, d'après les nouvelles expériences de M. Roeckl, pour expression

$$W = \frac{0,6504}{R-55}.$$

R étant le rayon de la courbe en mètres.

M. Roeckl arrive aux deux formules suivantes pour l'expression
de la résistance totale sur une section en courbe :

1°) *Train de véhicules :*

$$W + \rho = \frac{0,6504}{R-55} + 0,0025 + 0,000\,000\,21\,v^3;$$

2°) *Locomotive :*

$$W + \rho = \frac{0.6504}{R - 55} + 0,0050 + 0,000\,000\,21v^3.$$

v étant la vitesse, en kilomètre, par heure, et ρ la résistance, par tonne, en alignement droit horizontal.

Écartement des essieux $3^m,7$ à $4^m,1$.

e) — *Formule de* M. DE BAUERNFEIND.

M. de Bauernfeind a établi la formule théorique suivante pour calculer la résistance due aux courbes.

Soient :

r le rayon de la courbe, en pieds bavarois,

e la largeur de la voie, en pieds bavarois,

M la charge, en tonnes,

a l'écartement des essieux,

f le coefficent du frottement de glissement,

$$\left(f = \frac{1}{10} \right);$$

on a, d'après M. Bauernfeind,

$$R = 2240 f M \frac{a + e}{r},$$

R étant exprimé en livres.

f) — *Méthode de* M. REDTENBACHER.

Si l'on désigne par

f le coefficient de frottement de glissement des bandages sur les rails,

l l'écartement des essieux,

b l'écartement de la voie,

ρ le rayon de la courbe,

Q le poids du wagon,

M. Redtenbacher exprime la résistance théorique du wagon dans la courbe par la formule

$$R = f Q \frac{\frac{b}{2} + \frac{l}{2}}{\rho}.$$

g) — *Résultats obtenus par* M. BOEDECKER.

En admettant

1° que la conicité des bandages soit de $\frac{1}{20}$;

2° que le jeu entre le boudin de la roue et le rail soit compris entre 10 et 25 millimètres;

3° que le coefficient de frottement du bandage sur le rail soit de $\frac{1}{4}$, M. Boedecker détermine, pour les écartements d'essieux de 3 et 3^m,85, l'inclinaison de la rampe d'une résistance égale à celle d'une courbe de rayon déterminé. Nous donnons dans le tableau suivant les résultats obtenus par M. Boedecker.

RAYON.	RAMPE ÉQUIVALENTE A LA COURBE.	
	Écartement d'essieux, 3 mètres.	Écartement d'essieux, 3^m,85.
mètres.	millimètres.	millimètres.
300	2,60	3,03
350	2,19	2,60
400	1,90	2,26
450	1,67	1,99
500	1,33	1,63
550	1,20	1,47
600	1,12	1,36
650	0,89	1,13
700	0,83	1,05
750	0,77	0,98
800	0,72	0,92
900	0,64	0,81
1000	0,38	0,72
1100	0,37	0,65
1200	0,37	0,45
1300	0,36	0,45
1400	0,35	0,42
1600	0,28	0,33
2000	0,26	0,31
2400	0,19	0,28

L'écartement des essieux exerce une influence très sensible sur la résistance due aux courbes.

h) — *Expériences faites sur le Semmering (chemins du Sud de l'Autriche).*

Les expériences faites sur le Semmering par la compagnie des chemins de fer du Sud de l'Autriche, ont permis de mesurer l'influence de la longueur des trains sur la résistance due aux courbes.

Les expériences ont eu lieu à la vitesse de 15 kilomètres avec des trains longs et courts, *de même poids*, dans les courbes du Semmering. Voici les chiffres obtenus pour l'augmentation de résistance, par tonne, due aux courbes:

RAYON.	TRAIN de 26 wagons. 198ᵗ,7.	TRAIN de 13 wagons. 196ᵗ,5.
mètres.	kilog.	kilog.
189	3,58	3,03
265	2,57	2,32
284	2,57	2,22

En doublant le nombre des wagons, la résistance due aux courbes, par tonne, a augmenté, le poids total du train restant toujours le même.

FORMULES FRANÇAISES.

Les formules théoriques de l'expression de la résistance des courbes sont assez nombreuses en France; il n'en est pas de même des formules expérimentales. Parmi les formules théoriques nous indiquerons pour mémoire :

1° Celle de Navier, *Annales des Ponts et Chaussées*, 1834, 2ᵉ semestre;

2° Celle de Dupuis, *Annales des Ponts et Chaussées*, 1838, 1ᵉʳ semestre.

3° Celles contenues dans le traité de Fèvre, *sur le mouvement de translation des locomotives*, 1844.

Nous mentionnerons seulement parmi les méthodes théoriques celles de MM. Perdonnet, Reynard et Bordas.

i) — *Formule de* M. PERDONNET.

Soient :

f_1 le coefficient de frottement du boudin sur le rail,

f_2 le coefficient de frottement de la roue sur le rail,

P le poids du wagon et de son chargement, en kilogrammes,

v le poids des roues et des essieux, en kilogrammes,

b l'écartement de la voie, en mètres,

e l'écartement des essieux,

r le rayon de la courbe,

v la vitesse du train à l'heure en kilomètres,

R le rayon des roues en mètres,

h la hauteur du boudin en mètres,

On a, d'après M. Perdonnet,

$$R_1 = f_1(P+p) \frac{\sqrt{\left(\frac{b}{2}\right)^2 + \left(\frac{e}{2}\right)^2}}{r} + f_2 \frac{(P+p)v}{grR} \sqrt{2Rh + h^2}.$$

j) — *Méthode de* M. REYNARD.

Désignons par

T la résistance totale en courbe,

φ le coefficient de résistance au mouvement du wagon en alignement droit horizontal,

P le poids du wagon et de sa charge,

f le coefficient de frottement de la jante sur le rail,

f' le coefficient de frottement du rebord sur le rail,

R le rayon de la courbe mesurée sur l'axe du chemin,

$\frac{1}{m}$ l'inclinaison du rebord sur la jante, ou le rapport du rayon de
  la roue au rayon de courbure de la section du rebord par un
  plan tangent à la jante,

l et λ la moitié des distances de la projection horizontale du
  centre de rotation et de glissement du wagon, aux sommets
  des projections horizontales des angles du wagon dirigés vers
  l'extérieur de la courbe.

M. Reynard arrive à l'expression

$$T = P\left[\varphi + (f' + mff') \frac{\lambda + l}{R}\right],$$

$mff' \frac{\lambda l}{R}$ représente la résistance due au frottement du rebord (voir

Annales des Ponts et Chaussées, 1833, 1er semestre).

k) — *Méthode de* M. BORDAS.

M. Bordas arrive (*Annales des Ponts et Chaussées*, 1858, 1er semestre) à la formule

$$T - \varphi R = \frac{1}{4} fP\left(\frac{c}{R} + \sqrt{\frac{c^2}{R^2} + \frac{4a^2}{R^2}}\right) +$$
$$+ f' \frac{P}{g} \frac{V^2}{R} \sqrt{\left(\frac{\varepsilon}{r} + \frac{2a}{R}\right)^2 + \left(\frac{1}{\sin\mu} \frac{c}{R}\right)^2}.$$

$T - \varphi R$ est l'augmentation de résistance due à la courbe pour un
  véhicule à quatre roues et essieux parallèles,

φR est la résistance en alignement droit et de niveau,

c le demi-écartement des essieux,

$2a$ la largeur de la voie d'axe en axe,

ε   la hauteur du point de contact du rebord en contre-bas du plan supérieur du rail,

tang μ l'inclinaison des génératrices du rebord conique sur le plan de la roue,

r   le rayon de la roue,

R   le rayon de la courbe dans l'axe de la voie,

V   la vitesse,

P   le poids du véhicule et de son chargement.

Dans le cas d'un véhicule à six roues, M. Bordas obtient une formule différente.

l) — *Expériences de M. Camille Polonceau* (*).

Les résultats des expériences faites par M. Camille Polonceau à la compagnie d'Orléans l'ont amené à admettre que la résistance des courbes donne lieu à des suppléments d'efforts consignés ci-après :

Rayon des courbes.	Supplément d'effort par tonne.
mèt.	kilog.
300	3,90
400	3,30
500	2,75
1000	0,75

m) — *Expériences de M. Forquenot* (**).

M. Forquenot, ingénieur en chef du matériel et de la traction de la compagnie d'Orléans, a continué les expériences de M. Cam. Polonceau ; il est arrivé aux chiffres suivants :

Rayon des courbes.	Supplément d'effort par tonne.
mèt.	kilog.
300	3,90
500	1,40
1000	0,32

Les expériences de M. Forquenot donnent pour des courbes de rayon supérieur à 300 mètres des résistances plus faibles que celles indiquées par M. C. Polonceau.

n) — *Expériences de MM. Vuillemin, Guébhard et Dieudonné.*

Avec des trains de voyageurs composés de 10 à 20 voitures, marchant à des vitesses de 55 à 50 kilomètres à l'heure, et sur des sections dont les courbes avaient un rayon minimum de 800 mètres,

(*—**) Sevène, *Cours de chemins de fer professé à l'École des Ponts et Chaussées,* 1876-1877, 3ᵉ partie, p. 48.

on n'a constaté aucune influence. A des vitesses supérieures à
5o kilomètres, l'influence se fait sentir; elle a été de 5 p. 100 dans
une expérience.

Pour les trains de marchandises, les courbes même de grand
rayon ont une influence sensible. MM. Vuillemin, Guébhard et
Dieudonné ont été amenés à conclure que si l'on désigne par f le
coefficient de résistance, par tonne, en alignement, le coefficient
de résistance en courbe sera

Rayon des courbes. mèt.	Coefficient de résistance
1000	$f+1$
800	$f+1,50$

COMPARAISON DES DIVERSES MÉTHODES. — CONCLUSION.

La comparaison des diverses méthodes expérimentales usitées
pour l'évaluation de la résistance due aux courbes a déjà été faite
dans le cours du mémoire, à l'occasion de la détermination du
coefficent β. Nous renvoyons donc au tableau comparatif qui se
trouve page 521.

On peut conclure de cet exposé des diverses formules et méthodes de calcul de la résistance des courbes que si les formules théoriques sont nombreuses, il n'en est pas ainsi des formules expérimentales ; or les formules théoriques ne peuvent pas être utilisées dans
dans le problème de science appliquée que nous avons essayé de
résoudre. Nous constatons avec regret qu'une bonne formule expérimentale de la résistance des courbes tenant un compte suffisant des principaux éléments de la question n'a pas encore été
donnée jusqu'à présent.

OUVRAGES CONSULTÉS.

" Civil Engineer and Architect's Journal. " Volume 1, octobre 1837 à décembre 1838. pages 378 et suivantes. (The effect of gradients on railways.)

PAMBOUR. — " Traité théorique et pratique des machines locomotives, " 2e édi tion. Paris, chez Bachelier, 1840, page 268 et suivantes.

GHEGA. — " Virtual-Laengen. " (Vienne, chez Kaulfuss, Prandel et Cie, 1844.)

A. LINDNER. — " Die Virtuelle Laenge und ihre Anwendung auf Bau und Betrieb der Eisenbahnen ". (Zurich, chez Orell, Fuessli et Cie, 1879).

C. DE FREYCINET. — " Des pentes économiques des chemins de fer. " (Paris, chez Mallet-Bachelier, 1861.)

HEYNE. — " Das Traciren des Eisenbahnen in vier Beispielen, mit einem Anhange. " Avec un atlas. (Vienne, 1865.)

" Rapport de la commission technique italienne de 1864 instituée pour l'étude des passages des Alpes helvétiques. " Annexe V, pages 101 et suivantes.

Message du Conseil fédéral suisse à l'Assemblée fédérale (Botschaft betreffend die Taxerhœhung fur Eisenbahnstrecken mit grossen Steigungen) du 11 septembre 1873.

LAUNHARDT. — " Die Betriebskosten der Eisenbahnen, " etc., chez Wilhelm Engelmann, Leipzig, 1877.

CH. GERHARDT. — " De l'influence du profil de la voie sur les dépenses d'exploitation. " (Revue générale des chemins de fer. Octobre 1878).

MENCHE DE LOISNE. — " De l'influence des rampes sur les prix de revient des transports en transit par chemins de fer. " (Annales des ponts et chaussées, 1879, 5e série, 9e année, tome XVII).

CLAUDEL. — " Formules, tables et renseignements pratiques. " (Paris, 1854).

KOCH. — " Einfluss des Betriebes auf das Alignement. " (Handbuch des Ingenieurwissenchaften, von Heusinger von Waldeck, 1er volume, Ire partie, page 216. Leipzig, chez Engelmann, 1877).

DE SZABO. — " Bestimmung der wahrscheinlichen Selbstkosten des Betriebes auf Eisenbahnen. " (Organ fur die Fortschritte des Eisenbahnwesens, de Heusinger de Waldeck, 1875, page 121).

STOCKER. — " Zur Frage der virtuellen Laenge. " (Bulletin polytechnique, le chemin de fer, volume X, n° 3, 1879, Zurich).

VUILLEMIN, GUÉBHARD et DIEUDONNÉ. — " Mémoire sur la résistance des trains et la puissance des machines, " publié dans le compte rendu des travaux de la société des Ingénieurs civils, 1867, page 701.

SEVÈNE. — Cours de chemins de fer professé à l'École des Ponts et Chaussées, 1876, 3e partie, page 48.

R. ABT. — " Einfluss starker Steigungen auf den Betrieb. " Bulletin polytechnique, le chemin de fer, vol. 11, 2C octobre 1877, N° 17.

CULMANN. — " Die Betriebskosten stark ansteigender Bahnen. " Bulletin polytechnique, le chemin de fer, vol. VII, 9 novembre 1877, N° 19.

A. FLIEGNER. — " Die Bergbahn-Systeme, etc. " (Zurich, chez Orell, 1878.)

Annales des ponts et chaussées . . . . .
{
Année 1834, 2e semestre.
— 1838, 1er —
— 1839, 2e —
— 1843, 2e —
— 1858, 1er —

" Zeitung der Vereins deutscher Eisenbahn-Verwaltungen, " 1880, N° 40.

TABLE DES MATIÈRES.

CHAPITRE II.

MÉTHODE ABRÉGÉE DE CALCUL DES LONGUEURS VIRTUELLES
RELATIVES AU TRAVAIL MÉCANIQUE.

CHAPITRE III.

APPLICATION DE LA MÉTHODE A DIVERSES LIGNES DE CHEMINS
DE FER.

CHAPITRE IV.

RELATION ENTRE LA DÉPENSE D'EXPLOITATION ET LA LONGUEUR
VIRTUELLE OU LE COEFFICIENT VIRTUEL.

ANNEXES.

PARIS. — IMPRIMERIE ARNOUS DE RIVIÈRE, RUE RACINE, 26.

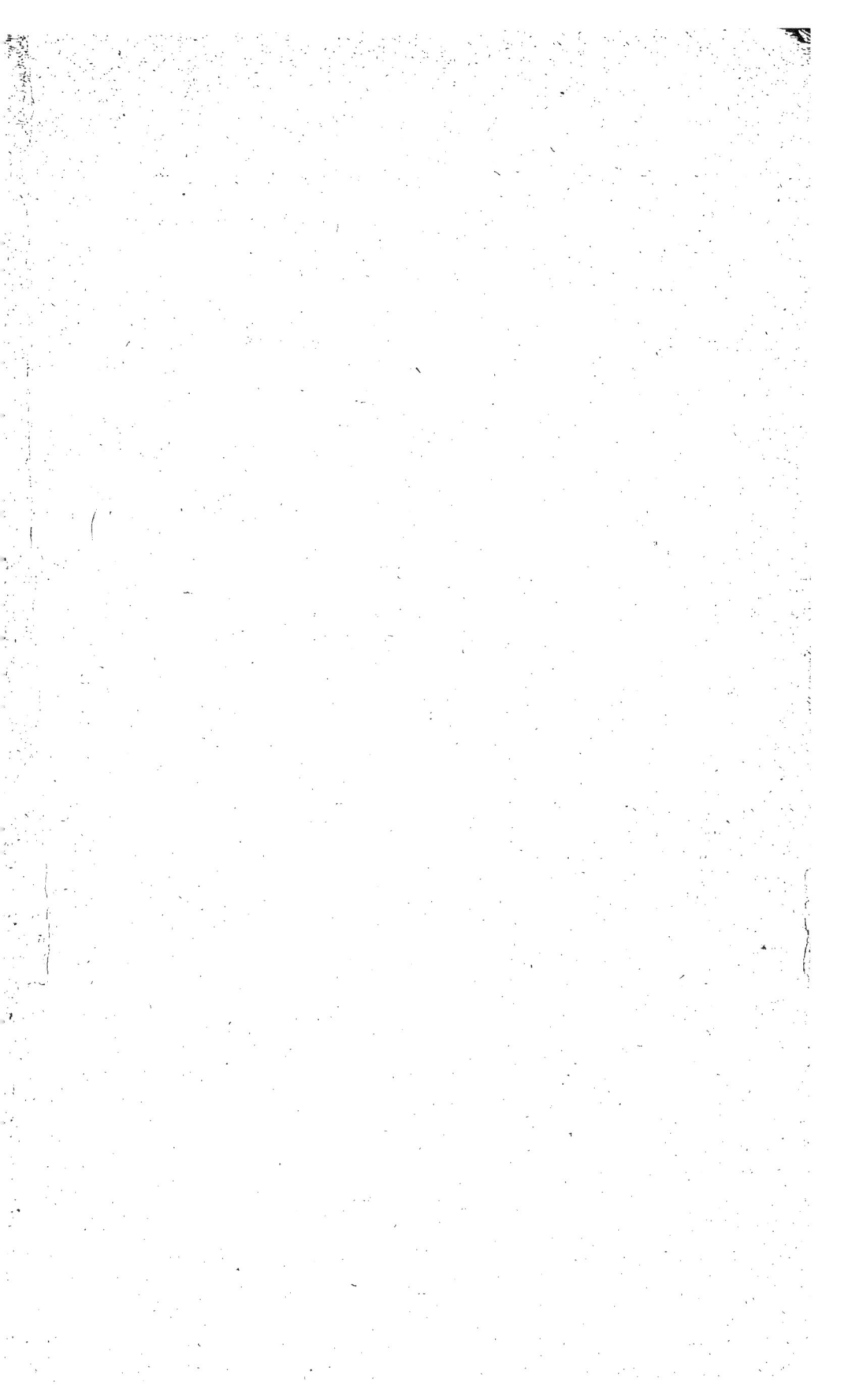

www.ingramcontent.com/pod-product-compliance
Lightning Source LLC
Chambersburg PA
CBHW062043200326
41519CB00017B/5121